Christian Groß

Die Bedeutung von Vorwissen für den Lernerfolg.

Einsatz einer Lerntheke im Erdkundeunterricht zur Kompensation individueller Defizite im Hinblick auf relevantes Vorwissen zu Beginn der gymnasialen Oberstufe

GRIN Verlag

Bibliografische Information der Deutschen Nationalbibliothek:

Die Deutsche Bibliothek verzeichnet diese Publikation in der Deutschen Nationalbibliografie; detaillierte bibliografische Daten sind im Internet über http://dnb.d-nb.de/ abrufbar.

Impressum:

Druck und Bindung: Books on Demand GmbH, Norderstedt Germany
ISBN: 978-3-656-61404-3

Dieses Buch bei GRIN:

http://www.grin.com/de/e-book/268581/die-bedeutung-von-vorwissen-fuer-den-lernerfolg

Studienseminar für Gymnasien Heppenheim

Pädagogische Prüfungsarbeit

zur Zweiten Staatsprüfung

für das Lehramt an Gymnasien

Einsatz einer Lerntheke im Erdkundeunterricht zur Kompensation individueller Defizite im Hinblick auf relevantes Vorwissen zu Beginn der Einführungsphase (G8)

vorgelegt von

Christian Groß

Februar 2013

Inhaltsverzeichnis

1 Darstellung der Problemsituation und Begründung der Themenwahl

1.1 Heterogene Leistungsvoraussetzungen beim Übergang von der Mittelstufe in die gymnasiale Oberstufe

„Die gymnasiale Oberstufe baut auf der Erziehungs- und Bildungsarbeit der Mittelstufe auf, vertieft und erweitert sie.“[1] Die Grundstruktur der gymnasialen Oberstufe in der Sekundarstufe II sieht bundesweit eine einjährige Einführungsphase gefolgt von einer zweijährigen Qualifikationsphase auf dem Weg zum Erwerb der allgemeinen Hochschulreife vor.[2] „In der Einführungsphase sollen personale, soziale und fachliche Kompetenzen gezielt gefördert werden, um unter anderem einen Ausgleich unterschiedlicher Voraussetzungen bei den Schülerinnen und Schülern vor Eintritt in die Qualifikationsphase herzustellen.“[3] In dieser Jahrgangsstufe wird an hessischen Schulen i.d.R. verbindlicher Unterricht gemäß einer vorgegebenen Stundentafel im Klassenverband, in Vorkursen oder Mischformen erteilt.[4] Am xxx-Gymnasium im südhessischen xxxxxxxx hat man in diesem Zusammenhang ein Vorkurssystem eingerichtet.[5] Im Schuljahr 2012/13 werden dort alle SuS[6], mit Ausnahme eines der beiden aktuellen Abiturjahrgänge, nach dem G8-Modell[7] unterrichtet, weshalb der Übergang von der Mittelstufe in die Einführungsphase am Ende der Jahrgangsstufe 9 erfolgt.[8] Die Schulkonferenz hat entschieden, das dem gesellschaftswissenschaftlichen Aufgabenfeld zuzuordnende Unterrichtsfach Erdkunde im Rahmen der fünf Kompensations- bzw. Orientierungs- bzw. Profilbildungsstunden[9] als zweistündiges Fach anzubieten. Eine durchgehende Teilnahme am Erdkundeunterricht während der gesamten Einführungs- und anschließenden Qualifikationsphase ist Voraussetzung, um das Fach Erdkunde als Prüfungsfach im Abitur wählen zu können.[10] Für die Gestaltung des (Erdkunde-)Unterrichts gelten Lehrpläne bzw. Kerncurricula des

---

[1] OAVO, 2010, S. 5.

[2] Vgl. dazu Sekretariat der Ständigen Konferenz der Kultusminister, 2012, S. 4. Die weitere, über die allgemein formulierte Grundstruktur hinausgehende Ausgestaltung der gymnasialen Oberstufe obliegt den Bundesländern. Im Folgenden soll diese Arbeit somit den schulrechtlichen Bestimmungen des Bundeslandes Hessen unterstehen.

[3] OAVO, 2010, S. 15.

[4] Vgl. dazu OAVO, 2010, S. 11, 15-16, sowie zur Stundentafel HKM4, 2010, S. 19. Im Bundesland Hessen müssen die Schulen das Unterrichtsfach Erdkunde in der gymnasialen Oberstufe nicht verpflichtend anbieten.

[5] Beim Vorkurssystem wird der Unterricht beider Halbjahre in Form von Kursen angeboten, während bei der Mischform im ersten Halbjahr noch Unterricht im Klassenverband stattfindet.

[6] Im Folgenden durch SuS abgekürzt.

[7] Im Gegensatz zum früheren G9-Modell machen die SuS dabei nach acht statt nach neun Jahren Gymnasium Abitur.

[8] Vgl. zu den Aufnahmevoraussetzungen OAVO, 2010, S. 6-7.

[9] Am xxx-Gymnasium können die SuS in diesem Zusammenhang zweistündig Erdkunde, Informatik, bilingualen oder Kompensationsunterricht wählen. Zwei weitere zu wählende Stunden stellen jeweils einstündige Orientierungskurse dar, während die fünfte Stunde auf das Unterrichtsfach Deutsch entfällt.

[10] Fächer, die während der Einführungsphase nicht belegt werden, können im Rahmen der Qualifikationsphase nicht als Leistungskurs gewählt werden. Vgl. dazu HKM4, 2010, S. 23-24. Am xxx-Gymnasium xxxxxxxxx wird Erdkunde während der Qualifikationsphase ohnehin nicht als Leistungsfach angeboten. Eine Wahl des Grundkurses Erdkunde während der Qualifikationsphase ohne eine vorausgegangene Teilnahme am Erdkundeunterricht während der Einführungsphase ermöglicht lediglich das Einbringen einzelner Erdkunde-Grundkurse aus der Qualifikationsphase in die Gesamtqualifikation.

Bundeslandes Hessen sowie ggf. auf dieser Basis von Schulen, unter Berücksichtigung standortspezifischer Bedingungen[11], selbst entwickelte Fach- bzw. Schulcurricula.[12] Im Lehrplan bzw. Kerncurriculum finden sich zudem allgemeine Angaben darüber, welche Kenntnisse und Fähigkeiten/Fertigkeiten bzw. Kompetenzen die SuS am Ende der Sekundarstufe I erworben haben sollen, um einheitliche (Lern-) Voraussetzungen beim Eintritt in die gymnasiale Oberstufe zu gewährleisten.[13] Während meiner Unterrichtsplanung zu Beginn des Schuljahres für die dieser Arbeit zugrunde liegende Lerngruppe[14] der Einführungsphase wurde ich diesbezüglich jedoch mit möglichen Schwierigkeiten konfrontiert. „Oft stehen wir im Fach Erdkunde, stärker als in anderen Nebenfächern, vor dem Problem, dass wir insbesondere im Hinblick auf unsere inhaltlichen Schwerpunktsetzungen sehr unterschiedliches Vorwissen der Schülerinnen und Schüler beim Übergang von der Mittelstufe zur Einführungsphase der gymnasialen Oberstufe feststellen, was in der Unterrichtsgestaltung berücksichtigt werden muss."[15] Neben unterschiedlichen individuellen Behaltensleistungen[16] könnte ein weiterer Grund dafür sein, dass die SuS während der Mittelstufe von verschiedenen Fachlehrern unterrichtet werden, die während der relativ geringen Anzahl der zur Verfügung stehenden Unterrichtsstunden verschiedene inhaltliche Schwerpunkte setzen müssen.[17] Des Weiteren wird das Fach Erdkunde während der Sekundarstufe I nicht kontinuierlich, sondern ausschließlich in den Jahrgangsstufen 5, 6.1, 8.2 und 9.1 unterrichtet.[18] Zudem kommen zu Beginn der Einführungsphase oft SuS benachbarter Schulen ohne gymnasiale Oberstufe hinzu, die am xxxxxx-Gymnasium ihr Abitur erwerben möchten. In der Literatur der konstruktivistisch orientierten pädagogischen Psychologie und Didaktik spielt die Bedeutung des Vorwissens für den Lernprozess eine grundlegende Rolle.

---

[11] Standortspezifische Besonderheiten könnten bspw. die Ausstattung oder geographische Lage der Schule sein, welche die Auswahl bestimmter Unterrichtsmethoden oder außerschulischer Lernorte begünstigen.

[12] Vgl. dazu OAVO, 2010, S. 10. Die einzelnen Fachkonferenzen haben die Möglichkeit, unter Berücksichtigung der Kompetenzformulierungen und Inhaltsfelder des Kerncurriculums, ein regionale und schulspezifische Besonderheiten berücksichtigendes Fachcurriculum zu entwickeln. Die Summe der Fachcurricula bildet das Schulcurriculum, welches als Bindeglied zwischen Kerncurriculum und individueller Unterrichtsgestaltung fungiert. Vgl. dazu HKM5, 2012, S. 3-4; HKM2, 2012, S. 6.

[13] Im Lehrplan Erdkunde findet sich das „Anschlussprofil von Jahrgangsstufe 8G in die gymnasiale Oberstufe". Vgl. dazu HKM1, 2010, S. 21. Das Pendant im neuen Kerncurriculum wird als „Lernzeitbezogene Kompetenzerwartungen und Inhaltsfelder am Ende der Jahrgangsstufe 9/10 (für den Übergang in die Sekundarstufe II)" bezeichnet. Vgl. dazu HKM2, 2012, S. 21-26. Die Angaben sind in beiden Fällen relativ grob formuliert und gewähren den Lehrkräften Spielraum zur individuellen Ausgestaltung des Unterrichts.

[14] Vgl. zur Lerngruppe Kapitel 2 dieser Arbeit.

[15] Erkenntnis aus einem Gespräch mit Hr. xxx, Fachsprecher Erdkunde am xxx-Gymnasium xxxxxxxxx, am 13.08. 2012. Die Informationen im Folgenden entstammen ebenfalls einem Gespräch mit Hr. xxx.

[16] Es gibt verschiedene Ursachen für das Vergessen, wie den Zerfall von Gedächtnisspuren im Langzeitgedächtnis, die gegenseitige Hemmung von Gedächtnisinhalten durch Überlagerung sowie um das Scheitern des Zugriffs auf geeignete Hinweisreize beim versuchten Abruf. Vgl. dazu Hasselhorn/Gold, 2006, S. 57.

[17] Zudem ist dem Unterrichtsverhalten eines Lehrers eine große Bedeutung beizumessen, denn u.a. aus der sog. „Hattie-Studie" (2009) des Neuseeländers Prof. John Hattie geht hervor, dass erhebliche Teile der Unterschiede zwischen Schülerleistungen auf unterschiedliche Lehrpersonen zurückzuführen sind. Vgl. dazu Steffens/Höfer, 2011, S. 3-4.

[18] Das xxx-Gymnasium verschiebt damit die im Lehrplan angeführte Stundenverteilung der Klassenstufe 8 um ein Halbjahr nach hinten. Vgl. dazu HKM1, 2010, S. 9. Die Leerlaufphasen aufgrund des geringen Stundenumfangs des Faches Erdkunde könnten sich negativ auf die Behaltensleistung auswirken, insbesondere wenn man bedenkt, dass die Nachhaltigkeit des Lernens bei den SuS aufgrund unterschiedlicher Lernstrategien sehr unterschiedlich sein kann.

1.2 Die Bedeutung von Vorwissen für den Lernerfolg

Im Rahmen des Lernens[19] als Wissenserwerb[20] beruht Lernen im Sinne der menschlichen Informationsverarbeitung „auf einem Informationsfluss zwischen drei Hauptkomponenten des Gedächtnissystems – den sensorischen Reizen, einem Kurzzeit- oder Arbeitsgedächtnis und einem Langzeitgedächtnis."[21] Wird den über Sinnesorgane rezipierten und transformierten Umwelteinflüssen[22] bewusste Aufmerksamkeit geschenkt, so gelangen diese in das Kurzzeit- bzw. Arbeitsgedächtnis[23]. Dort werden die aufgenommenen Daten erst dadurch zur Information, „dass sie auf Basis des Vorwissens des Einzelnen (aus dem Langzeitgedächtnis[24]) interpretiert werden, ihnen also Bedeutung verliehen wird."[25] Die konstruktivistische Auffassung von Lernen sieht Wissen vor diesem Hintergrund nicht als abgeleitetes Produkt, welches sich aus objektiven Reizinformationen, die wahrgenommen und verarbeitet werden, eindeutig vorhersagen lässt. Sie sieht Lernen vielmehr als Konstruktion von Wissen und geht von einem individuellen Aufbauprozess statt einem mechanischen Abbildungsprozess aus.[26] „Lernen ist ein konstruktiver Prozess: Wissen kann nur erworben und genutzt werden, wenn es in die bereits vorhandenen Wissensstrukturen implementiert wird und auf der Basis individueller Erfahrungen interpretiert werden kann."[27] Den Mittelpunkt der Erkenntnistheorie des Konstruktivismus bildet damit die Frage, „wie der Mensch seine Welt konstruiert"[28] und damit die Auffassung, „dass Wahrnehmung nicht als passive Abbildung von Wirklichkeit verstanden werden darf, sondern als das Ergebnis eines außerordentlich aktiven, konstruktivistischen Prozesses gesehen werden muss, bei dem das Gehirn die Initiative hat."[29] Das menschliche Gehirn entwickelt sich so, dass sich einmal geknüpfte Verbindungen zu Mustern verdichten, die in strukturähnlichen Situationen aktiviert

---

[19] „Lernen ist ein Prozess, bei dem es zu überdauernden Änderungen im Verhaltenspotenzial als Folge von Erfahrungen kommt." Hasselhorn/Gold, 2006, S. 35. Die kognitiven Lerntheorien sehen den zentralen Prozess des Lernens im Wissenserwerb, während aus assoziationstheoretischer Sicht Lernen als Aufbau von Assoziationen betrachtet wird. Radikal-behavioristische Sichtweisen definieren Lernen als Verhaltensänderung. Vgl. dazu Hasselhorn/Gold, 2006, S. 65.

[20] „Wissen stellt einen relativ dauerhaften Inhalt des Gedächtnisses dar, dessen Bedeutsamkeit durch soziale Übereinkünfte festgelegt wird." Wild/Möller, 2009, S. 34. „Wissen ist das Ziel von Lernen." Hasselhorn/Gold, 2006, S. 81.

[21] Hasselhorn/Gold, 2006, S. 50.

[22] Z.B. visueller, akustischer oder haptischer Art.

[23] Ob das Arbeitsgedächtnis einen separaten Speicher oder lediglich den aktiven Teil des Langzeitgedächtnisses darstellt, ist umstritten. Vgl. dazu Wild/Möller, 2009, S. 10. Mietzel, 2007, S. 212-221 versteht darunter ein separates System, das Informationen so lange zwischenspeichert, bis sie mit Hilfe des bereits vorhandenen Wissens aufgearbeitet worden sind. Im Arbeitsspeicher findet der bewusste Teil der Informationsverarbeitung statt – Prozesse, die man als Denken bezeichnet.

[24] Das Langzeitgedächtnis speichert Informationen über lange Zeiträume und das dort bewahrte Wissen ist netzwerkartig verknüpft. Vgl. dazu Mietzel, 2007, S. 221-241. Es wird daher häufig „mit einem großen Lexikon oder mit einer Bibliothek verglichen." Hasselhorn/Gold, 2006, S. 51.

[25] Wild/Möller, 2009, S. 9.

[26] Vgl. dazu Rüegsegger, 2009, S. 37; Hasselhorn/Gold, 2006, S. 60-64. Die Auffassung vom Lernen als Konstruktion individuellen Wissens wird dabei als Variante der Auffassung vom Lernen als Wissenserwerb angesehen.

[27] Mandl, 2010, S. 21.

[28] Siebert, 2008, S. 9.

[29] Singer, 2002, S. 72. Vgl. dazu auch Reich, 2012, S. 118-119.

werden.[30] Damit stellt es mit Hilfe der bereits gesammelten Erfahrungen ständig Hypothesen auf, mit denen es die Vielfalt an einströmenden Sinnesreizungen ordnet und auf diese Weise die Objekte der Wahrnehmung definiert. Aus diesem Grund erscheinen die Situationen und Objekte der Außenwelt nicht auf eine für jeden Menschen einheitliche Weise, sondern, aufgrund der eigenen Hypothesenmuster, in einer individuell konstruierten Form. Der britische Psychologe Frederic C. Bartlett führte 1932 eine empirische Untersuchung zum rekonstruktiven Charakter des Verstehens und Behaltens von Texten durch, welche die oben angegebenen Annahmen untermauert.[31] Den Probanden wurde ein Text zu einer indianischen Sage vorgelegt, dessen Inhalte den Untersuchungsteilnehmern fremd und unverständlich erscheinen mussten. Die anschließenden Wiedergaben wiesen deutliche Unterschiede zum Original auf, wobei unpassend erscheinende Informationen weggelassen und andere umgedeutet wurden, um dem fremden Inhalt „Sinn" zu verleihen. Diese Ergebnisse galten als „Beleg dafür, dass das Erinnern komplexer Textinformationen eher durch Rekonstruktions- als durch Reproduktionsprozesse geprägt sei."[32] Das bereits verfügbare Wissen, das sog. „Vorwissen", ist folglich eine der wesentlichen Voraussetzungen für weiteres Lernen, da die Fähigkeit, neue Informationen mit bereits Bekanntem zu verknüpfen, besser gelingt, wenn bereits zu Beginn des Lernprozesses mehr bekannt ist.[33] Der systematische Aufbau von Vorwissen gilt daher als zentrales Anliegen schulischen Unterrichtens. „Es kommt darauf an, neue Informationen mit dem Wissen aufzuarbeiten, das der Schüler bereits hat."[34] Im Umkehrschluss bedeutet dies, dass unterschiedliche Lernausgangslagen im Hinblick auf das Vorwissen dazu führen können, dass gleiche Vorlagen, wie bspw. Lehreräußerungen oder Schulbuchtexte, von den SuS unterschiedlich interpretiert und damit unterschiedlich „verstanden" werden.[35] „Die besten Voraussetzungen zum Erlernen neuer Informationen sind [...] gegeben, wenn sie einem Themenbereich entstammen, mit dem sich der Lernende

---

[30] Vgl. dazu und im Folgenden Arnold, 2007, S. 55.
[31] Vgl. dazu und im Folgenden Hasselhorn/Gold, 2006, S. 61-62.
[32] Hasselhorn/Gold, 2006, S. 61-62.
[33] Vgl. dazu und im Folgenden Hasselhorn/Gold, 2006, S. 81; Werning, 2006, S. 13-14. Dass Lernen ein ständiges Wechselspiel des Rückgriffs auf Bekanntes und der Bewältigung neuer Situationen ist, wurde in einer weiteren Studie deutlich. Im Rahmen einer entwicklungspsychologischen Gedächtnisuntersuchung von Chi aus dem Jahr 1978 wurde die bis dahin verbreitete Annahme, die Fähigkeit, Informationen aus dem Langzeitgedächtnis gezielt abzurufen, verbessere sich stets bis zum Erreichen des Erwachsenenalters, widerlegt. Dabei wurden Kinder-Schachexperten und erwachsene Schachnovizen sowohl beim freien Erinnern von Zahlenreihen als auch bei der Rekonstruktion kurzzeitig präsentierter Schachstellungen miteinander verglichen. Die Ergebnisse zeigten, dass (Vor-)Wissen einen gewichtigen Einfluss auf die Gedächtnisleistung hatte und die zuvor postulierten Alterseffekte ins Gegenteil verkehrte. Die Kinder-Schachexperten erinnerten sich an die Schachstellungen viel besser als Erwachsene, deren entwicklungsgemäße Überlegenheit lediglich bei den Zahlenreihen zum Tragen kam. Menschen mit Vorwissen können in der präsentierten Information also schneller bedeutsame Muster erkennen, die in Bezug zu bereits vorhandenem Wissen stehen, sodass es bereits bei der Wahrnehmung von Information zu einem Zusammenspiel von Gedächtnis, Wissen und Erfahrung kommt. Dabei werden Informationen verdichtet, indem ursprünglich separate Informationseinheiten durch allgemeine Ordnungsprinzipien oder durch das Einbeziehen von Vorwissen rekodiert und zu größeren Informationseinheiten zusammengefasst werden. Vgl. dazu Wild/Möller, 2009, S. 36. Der Prozess des Bildens bedeutungstragender Informationseinheiten im Arbeits- oder Kurzzeitgedächtnis wird als „Chunking" bezeichnet.
[34] Mietzel, 2007, S. 271.
[35] Vgl. dazu Mietzel, 2007, S. 46.

bereits eingehend beschäftigt hat und in dem er bereits hinreichend fundiertes Wissen besitzt, an das er anknüpfen kann."[36] Der Erwerb von Wissen wird zudem erleichtert, indem eine hinreichende Wiederholung relevanter Informationen stattfindet, was die Vernetzung der bereits gespeicherten Inhalte des Langzeitgedächtnisses erhöht.[37] Je fester und vielfältiger Informationen im Gedächtnis eines Menschen miteinander vernetzt sind, desto günstiger sind die Voraussetzungen für einen erfolgreichen Abruf bzw. eine treffsichere Erinnerung. Jeder Erarbeitungsphase des Unterrichts sollte die Aktivierung relevanten Vorwissens vorausgehen, denn relevantes „Vorwissen kann nur dann die Lernleistung verbessern, wenn es tatsächlich aktiviert wird und mit der zur Verarbeitung anstehenden Information kompatibel ist"[38]. Relevantes Vorwissen über neu zu lernende Inhalte erleichtert den SuS die Entscheidung über die Relevanz von Informationen und unterstützt damit die Prozesse der selektiven Aufmerksamkeit. Zudem entlastet es das Arbeitsgedächtnis durch eine schnellere Aktivierung von Konzepten und erleichtert damit deren Verknüpfung untereinander. Des Weiteren weckt es ein vermehrtes Interesse am Thema und erhöht somit die Bereitschaft, weitere Ressourcen für den Lernprozess zu mobilisieren. Offene Lernformen, die selbstständiges Lernen, Kooperation und soziales Lernen unterstützen sollen, schneiden in einer Studie von John Hattie (2009) u. a. so schlecht ab, weil den SuS oft zu wenig Ordnungsstrukturen und Orientierungen in Lernprozessen zur Verfügung gestellt wird und sie deshalb neues Wissen nicht effektiv verarbeiten können.[39] Dies gilt insbesondere bei einem Mangel an erforderlichem Vorwissen, was meistens bei der Einführung eines neuen Themenfeldes der Fall ist. Insbesondere schwächere SuS haben dann große Probleme, fühlen sich oft allein gelassen und überfordert. Daraus wird ersichtlich, dass ein zeitgemäßer Unterricht beim Aufbau von Wissen und Kompetenzen an das Vorwissen und die Erfahrungen der SuS anknüpft, was das Institut für Qualitätsentwicklung des Hessischen Kultusministeriums in seinem „Referenzrahmen Schulqualität" mit Nachdruck betont.[40] AUSUBEL/NOVAK/ HANESIAN gehen in ihren Überzeugungen sogar so weit, zu sagen, dass der „wichtigste Einzelfaktor, der das Lernen beeinflußt, [das ist], was der Lernende bereits weiß. Dies ermitteln Sie, und danach unterrichten Sie Ihren Schüler."[41]

Die bisher ausführlich dargestellten Erkenntnisse machen deutlich, dass die Vermittlung weiterführender, durch das Fachcurriculum für die Einführungsphase verbindlicher Unterrichtsinhalte im Fach Erdkunde eine besondere Herausforderung

[36] Mietzel, 2007, S. 268.
[37] Vgl. dazu und im Folgenden Mietzel, 2007, S. 247; Hasselhorn/Gold, 2006, S. 54, 85.
[38] Hasselhorn/Gold, 2006, S. 85.
[39] Vgl. dazu und im Folgenden Steffens/Höfer, 2011, S. 7-8.
[40] Vgl. dazu HKM3, 2011, S. 24.
[41] Ausubel/Novak/Hanesian, 1980, S. 5.

darstellen kann, da mit heterogenen Lernausgangslagen, insbesondere im Hinblick auf fachliches Vorwissen, zu rechnen ist.[42] Für die Unterrichtsplanung sind daher die Überprüfung des bei den SuS vorhandenen Vorwissens über geographische Inhalte der Mittelstufe sowie eine Wiederholung der für die Einführungsphase vorausgesetzten Inhalte von besonderer Bedeutung. Ein entsprechendes Schließen möglicher (Vor-) Wissenslücken würde gewährleisten, dass die verbindlichen Inhalte der Einführungsphase unmittelbar auf das bestehende Vorwissen aufbauen. Auf diese Weise könnten wichtige Voraussetzungen geschaffen werden, um die Lernergebnisse zu verbessern. Die Fachkollegen am xxx-Gymnasium beklagen in diesem Zusammenhang den Umfang der notwendigen Wiederholungsphasen, was durch die Aussage von Hr. xxxxxxxxxxx[43] deutlich wird: „Ein stark unterschiedliches Vorwissen der Schüler zu grundlegenden geographischen Zusammenhängen aus der Mittelstufe fällt mir ebenfalls oft auf. Meistens läuft es darauf hinaus, dass ich bei jedem aktuellen Themengebiet die Grundlagen im Vorhinein noch einmal wiederholen muss, was einen entsprechend hohen Zeitaufwand bedeutet. Diese Zeit fehlt an anderer Stelle natürlich."

Vor diesem Hintergrund erschien es mir notwendig, eine eigene Vorgehensweise zu planen, durchzuführen und im Anschluss einer kritischen Reflexion zu unterziehen, mit der der dargestellten Problematik sinnvollerweise begegnet werden kann. Meine Zielsetzung bestand darin, ein Konzept zur Wiederholung der für das bevorstehende Unterrichtshalbjahr unmittelbar relevanten Mittelstufeninhalte zu entwickeln und dadurch heterogene Leistungsvoraussetzungen im Hinblick auf individuelles Vorwissen auszugleichen, d.h. zu kompensieren. Mein Vorhaben sollte innerhalb eines zeitlichen Rahmens von zwei Doppelstunden erprobt werden, um nicht zu viel der für die eigentlichen Inhalte der Einführungsphase vorgesehenen Zeit zu beanspruchen. Des Weiteren sollte das Konzept nach Möglichkeit auf den Grundlagen modernen[44] Unterrichts und damit einer geeigneten Methode basieren.

---

[42] Die Tragweite der Aussage von Hr. xxxxxxx (s. S. 2) wird vor diesem Hintergrund sehr deutlich.

[43] Erkenntnis aus einem Gespräch mit Hr. xxxxxxxxxxx, Gymnasiallehrer für die Fächer Englisch, Spanisch und Erdkunde am xxxx-Gymnasium xxxxxxxxx, am 14.08.2012.

[44] Die Aufgabe der Lehrkraft in einem sich an bildungspolitischen Vorgaben sowie am aktuellen fachwissenschaftlichen, fachdidaktischen und pädagogisch-psychologischen Forschungsstand orientierenden Unterricht ist es, „Lernarrangements so zu gestalten, dass alle Schülerinnen und Schüler die Unterrichtsangebote nutzen können, sich auf ihrem individuellen Lernstand angesprochen fühlen und die notwendigen Hilfen bekommen. Damit Lernen für alle Schülerinnen und Schüler erfolgreich verläuft, spielen individuelle Förderung und die Stärkung des eigenverantwortlichen Lernens durch entsprechende Unterrichtsarrangements eine wichtige Rolle." HKM3, 2011, S. 23.

2 Situation der Lerngruppe und Ermittlung der Lernausgangslage

Mein seit Beginn des Schuljahres 2012/13 eigenverantwortlich geleiteter Erdkunde-Kurs der Einführungsphase (E-XI) besteht aus 18 SuS, darunter 14 Mädchen und vier Jungen. Der Erdkundeunterricht findet als Doppelstunde mittwochs in der 5./6. Stunde in Raum B 226 statt. Der Raum ist relativ groß und daher für eine Vielzahl von Unterrichtsmethoden geeignet. Im Nebenraum befindet sich die Erdkunde-Mediensammlung, was den Einsatz von Wandkarten, Atlanten und weiteren Unterrichtsmaterialien begünstigt. Der Kurs wurde zu Schuljahresbeginn, d.h. unmittelbar vor der Durchführung der dieser Arbeit zugrunde liegenden Untersuchung, neu zusammengesetzt, sodass sich die SuS teilweise noch nicht sehr gut untereinander kannten. Hier sind insbesondere L., N. und Z. zu nennen, die zuvor die kooperative xxxxxxxxxxxxx-Schule in xxxxxxxxxxxxxxxxxxxxxxxxxxxxxxxxx besucht haben, welche nicht über eine gymnasiale Oberstufe verfügt. Die übrigen SuS wurden im Verlauf der Mittelstufe, je nach Klassenzugehörigkeit, von insgesamt vier verschiedenen Fachkollegen unterrichtet. Die Lerngruppe zeigt gegenüber dem Unterrichtsfach Erdkunde eine positive Einstellung.[45] Die Unterrichtsatmosphäre ist seit Beginn des Schuljahres stets entspannt und lernförderlich, da die Gruppe sehr umgänglich ist. Um wichtige Erkenntnisse für die Planung des bevorstehenden Schuljahres, insbesondere im Hinblick auf das bestehende Vorwissen zu gewinnen, wurde zur Ermittlung der Lernausgangslage während der ersten Doppelstunde ein Selbsteinschätzungs- bzw. Selbstdiagnosebogen eingesetzt.[46] Der Bogen sollte Aufschluss über mögliche Heterogenitäten bzgl. des vorhandenen Fachwissens über inhaltliche Schwerpunktsetzungen des Mittelstufenunterrichts sowie über persönliche Interessen der SuS geben, u.a. um Unterrichtsmethoden und Medien zukünftig möglichst schülerorientiert einsetzen zu können. Insgesamt ging es mir durch den Einsatz des Fragebogens weniger um die Ermittlung des genauen Vorwissens jedes einzelnen Kursteilnehmers, als vielmehr darum, markante Auffälligkeiten zu diagnostizieren. Insbesondere sollte überprüft werden, welche Themengebiete insgesamt besser bzw. schlechter beherrscht werden, aber auch inwieweit es ggf. zu Streuungen kommt, d.h. tatsächlich auffallend unterschiedliches Vorwissen zu bestimmten (Teil-)Themengebieten vorliegt. Die einzelnen Items (Untersuchungsmerkmale) zu den Rubriken „Fachwissen" und „allgemeine Interessen" waren anhand vier vorgegebener Antworten einer symbolischen Rating-Skala

[45] Diesen Eindruck belegen auch die Auswertungen des im Folgenden beschriebenen Selbsteinschätzungsbogens. Vgl. dazu Abb.1.

[46] Vgl. zum eingesetzten Selbsteinschätzungsbogen Anhang, S. 36. Die Erstellung des Bogens erfolgte in Anlehnung an aktuelle Erdkunde-Fachdidaktikseminarinhalte am Studienseminar für Gymnasien Heppenheim.

(++ , + , - , --) einzuschätzen. Die Auswahl der Untersuchungsmerkmale erfolgte zum einen durch Rücksprache mit Fachkollegen bzgl. der Inhalte, die während der Mittelstufe und Einführungsphase unterrichtet werden. Zum anderen fanden Lehrplan und Fachcurricula der Jahrgangsstufen 8.2 und 9.1 sowie der Einführungsphase Berücksichtigung.[47] Auf diese Weise kristallisierten sich die beiden Themenfelder „Endogene Kräfte" sowie „Klima und Vegetation" heraus, anhand deren eine Bestimmung der Lernausgangslage vorgenommen werden sollte. Als Untersuchungsmerkmale wurden solche ausgewählt, die einen möglichst guten Überblick über die Kenntnisse der SuS zu den entsprechenden Themengebieten zu vermitteln versprachen. Die Angabe eines Namens war nicht erforderlich, da es lediglich darum ging, herauszufinden, bei welchen (Teil-)Themen sich der Kurs unsicher ist und welches Ausmaß eine mögliche Heterogenität annimmt. Dies diente dazu, um abschätzen zu können, in welchem Umfang eine mögliche Wiederholungs- bzw. Kompensationsphase anzulegen ist. Ohne die Angabe von Namen ist zudem mit genaueren Ergebnissen zu rechnen, da die SuS sich beim Ankreuzen der rechten Spalten (- , --) nicht bloßgestellt fühlen und keine Bewertungsangst aufkommt. Stattdessen sollte ein persönliches Symbol vermerkt werden, um später den eigenen Diagnosebogen wiederfinden zu können. Die Auswertung des Selbstdiagnosebogens erfolgte in mehreren Schritten. Zuerst wurde die Verteilung der Schülerangaben in Form der in Abb. 1 dargestellten schwarzen Zahlen visualisiert.[48] Im Bereich des Fachwissens werden bei der überwiegenden Zahl der Items große Streuungen deutlich, die auf ein z.T. sehr unterschiedliches Vorwissen der SuS hindeuten. Einzelne „Ausreißer", wie bspw. bei Untersuchungsmerkmal 11, könnten auf einfaches Vergessen zurückzuführen sein, während Items mit auffallend auseinanderklaffenden Antworten (z.B. Item 9) auf unterschiedliche Schwerpunktsetzungen verschiedener Fachkollegen des xxxxx-Gymnasiums oder benachbarter Schulen während der Mittelstufe hinweisen könnten. Nicht zuletzt werden die im Folgenden veranschaulichten Ergebnisse durch unterschiedliche Leistungsniveaus beeinflusst.

[47] Vgl. zu den Lehrplanvorgaben HKM1, 2010, S. 16-19, 22-25. Vgl. zu den Fachcurricula die Dateien 09 bis 11 auf der beigefügten CD-Rom.

[48] Einige exemplarische, von SuS ausgefüllte Selbstdiagnosebögen finden sich auf der beigefügten CD-Rom (Dateien 12 bis 14).

++ = trifft voll zu   + = trifft eher zu   - = trifft eher nicht zu   -- = trifft überhaupt nicht zu

Item	Fachwissen	++ (3,0)	+ (2,0)	- (1,0)	-- (0,0)
	c) Endogene Kräfte				
1	Ich kann die drei grundlegenden Schalen des Erdkörpers benennen. (1,1)	1	3	11	3
2	Ich kann die Ursache der Kontinentalverschiebung mit eigenen Worten beschreiben. (1,8)	2	10	6	
3	Ich kann das Phänomen der Subduktion mit eigenen Worten beschreiben. (0,8)	1	4	4	9
4	Ich kann die tektonischen Vorgänge am Mittelatlantischen Rücken beschreiben. (1,3)		7	9	2
5	Ich kann die Verbreitung der globalen Erdbebengebiete begründen. (2,0)	7	4	7	
	d) Klima und Vegetation				
6	Ich kann mit eigenen Worten beschreiben, wie die Jahreszeiten bei uns entstehen. (2,1)	5	9	4	
7	Ich kann den Begriff „Taupunkttemperatur" mit eigenen Worten erklären. (0,8)	1	2	7	9
8	Ich kann den „Föhn" als regionales Windsystem erklären. (1,0)	2	3	6	7
9	Ich kann die Entstehung der Passatwinde erklären. (1,7)	5	4	7	2
10	Ich kann erklären weshalb die subtropischen Wüsten bei ca. 30° nördlicher/südlicher Breite liegen. (1,3)	4	4	4	6
11	Ich kann die drei grundlegenden Savannentypen benennen. (2,1)	8	5	4	1

Item	allgemeine Interessen	++	+	-	--
12	Ich interessiere mich allgemein für Erdkunde. (2,5)	10	7	1	
	Ich lerne im Erdkundeunterricht gerne mit...				
13	... Sachtexten. (1,6)	1	8	9	
14	... Karte und Atlas. (2,2)	5	11	2	
15	... Experimenten. (2,6)	11	6	1	
16	... Zahlen und Diagrammen. (1,8)	1	5	10	2
17	Ich arbeite gerne an Projekten. (2,3)	9	5	4	
18	Ich präsentiere gerne vor der Klasse. (1,3)	1	7	7	3
19	Ich verfolge gerne Präsentationen meiner Mitschüler. (1,7)	3	8	6	
	Ich arbeite im Unterricht gerne in...				
20	... Einzelarbeit. (1,7)	2	10	5	1
21	... Partnerarbeit. (2,7)	13	5		
22	... Gruppenarbeit. (2,4)	10	5	3	

Abb. 1: Auswertung des ersten Selbstdiagnosebogens zu Beginn der Unterrichtsreihe

Quelle: Eigene Darstellung.

In einem weiteren Schritt erfolgte die Bildung von Durchschnittswerten (arithmetische Mittelwerte) der getroffenen Angaben (Merkmalsausprägungen) für die einzelnen Items (rote Werte in Klammern). Dazu wurden den vier Antwortmöglichkeiten von links nach rechts drei, zwei, ein bzw. null Punkte zugewiesen, so dass der pro Untersuchungsmerkmal bestmögliche zu erreichende Wert 3,0 (linke grüne Linie), der schlechtest mögliche Wert 0,0 (rechte grüne Linie) beträgt. Die blauen, durch Linien miteinander verbundenen Punkte visualisieren die Mittelwerte der Schülerantworten für die einzelnen Items. Diese Darstellungsform gibt Aufschluss darüber, welche (Teil-)

Themenfelder insgesamt bereits gut beherrscht werden (wie z.B. die Entstehung der Jahreszeiten, Item 6, arithmetisches Mittel 2,1) und wo auf der anderen Seite mit großen Defiziten zu rechnen ist (z.B. beim Umgang mit dem Begriff „Subduktion, Item 3, Durchschnittswert 0,8).[49] Sehr kleine Werte (z.B. unter 1,0) könnten darauf hindeuten, dass diese Untersuchungsmerkmale während des Unterrichts der Mittelstufe höchstens eine untergeordnete Rolle spielten. Die Interpretation der vorliegenden Ergebnisse bestätigt die in Kapitel 1 geschilderten Befürchtungen zu Beginn der Planungsphase für das bevorstehende Schuljahr, wodurch ich mich in meiner Zielsetzung bestätigt sah. Bzgl. der ausgewählten Unterrichtsinhalte besteht ein stark unterschiedliches Vorwissen und damit umfangreicher Förderbedarf, dem es zu Beginn der Einführungsphase zu begegnen gilt, um Voraussetzungen für bessere Lernergebnisse der SuS zu schaffen. Im nächsten Schritt bestand die Herausforderung in der Entwicklung eines praktikablen Konzeptes auf der Basis der gewonnen Erkenntnisse.

3 Didaktische Überlegungen

Wie im vorausgegangenen Kapitel bereits angedeutet, erfolgte die Auswahl der Inhalte des zu entwickelnden Konzeptes schließlich durch einen Abgleich der diagnostizierten Lernausgangslage sowohl mit den Vorgaben von Lehrplan und Fachcurricula als auch mit den Ergebnissen der Kollegengespräche über die Unterrichtspraxis.[50] Der hessische Lehrplan für das Unterrichtsfach Erdkunde sieht für das erste Halbjahr der Einführungsphase (Jahrgangsstufe E1) die Auseinandersetzung mit geoökologischen Grundlagen einer Raumanalyse vor.[51] Den Schwerpunkt bildet eindeutig die Klimageographie im Rahmen naturgeographischer Sachverhalte, die dort als „unverzichtbare Voraussetzung für die komplexen Mensch-Raum-Bezüge“[52] der Jahrgangsstufe E2 angesehen wird. Als verbindliche Unterrichtsinhalte werden dort Klimazonen, globale Luftmassenverteilungen und –bewegungen, die Innertropische Konvergenzzone und die damit zusammenhängenden Vegetationszonen angegeben. Weiterhin bildet der Klimawandel mit dessen natürlichen und anthropogenen Ursachen ein eigenständiges Themengebiet. „Unsere Erdkunde-Fachschaft am xxxxxx-Gymnasium legt bereits in der Mittelstufe einen Schwerpunkt auf klimageographische

---

[49] Eine Auswertung der allgemeinen Interessen erfolgt in Kapitel 5.2.

[50] Dass die jeweils gültigen Fachcurricula dabei jedoch nur eine untergeordnete Rolle spielen ist damit zu begründen, dass im Jahr 2012 ein neues Fachcurriculum für die Sekundarstufe I auf Basis des neuen Kerncurriculums verabschiedet wurde. Während der Zeit, in der sich die SuS der aktuellen Einführungsphase noch in der Mittelstufe befanden, galt das seit 2005 bestehende Fachcurriculum, welches sich bzgl. der Mittelstufeninhalte kaum von den Lehrplanvorgaben unterscheidet. Für die Oberstufe gilt offiziell noch das Fachcurriculum aus dem Jahr 2001. Eine auf Lehrplan und aktueller Unterrichtspraxis basierende Erneuerung steht noch aus. Bisher existiert noch kein Kerncurriculum für das Fach Erdkunde in der gymnasialen Oberstufe.

[51] Vgl. dazu und im Folgenden HKM1, 2010, S. 23.

[52] HKM1, 2010, S. 23.

Inhalte, die im ersten Halbjahr der Einführungsphase weiter vertieft werden sollen. Unsere Schüler sollen beim Übergang in die Qualifikationsphase dazu in der Lage sein, die Entstehung der globalen Luftdruckgebiete und Windgürtel zu erklären und Klimadiagramme aus verschiedenen Klimazonen zu interpretieren. Dass der Lehrplan nicht sehr konkret formuliert ist, bietet uns den entsprechenden Spielraum. Das bestehende Fachcurriculum für die Oberstufe ist veraltet und bedarf einer Überarbeitung."[53] Vor diesem Hintergrund ist am xxxxxx-Gymnasium in der Jahrgangsstufe E1 z.Zt. die Bearbeitung folgender inhaltlicher Schwerpunkte vorgesehen:

- Wärme- & Strahlungshaushalt der Erde
- Aufbau der Atmosphäre
- Innertropische Zirkulation (Vertiefung)
- Globale Luftdruckgebiete und Windgürtel
- Wettergeschehen in den mittleren Breiten
- Klimazonen
- Klimaklassifikationen
- Natürlich und anthropogen bedingte Klimaveränderungen

Für das zweite Halbjahr der Einführungsphase sieht der Lehrplan eine „Strukturanalyse des Nahraumes"[54] mit anschließender Projektarbeit vor. Dabei erfolgt eine umfassende Bearbeitung des Heimatraumes unter Berücksichtigung anthropogener Einflüsse, Entwicklungen, Probleme und der diesen zu Grunde liegenden Kräften.[55] Im Falle des xxxxxxx-Gymnasiums Lampertheim bedeutet dies die intensive Auseinandersetzung mit dem Natur- und Kulturraum des Oberrheingrabens. Hier spielt neben klimatischen Einflussgrößen auch die Entstehungsgeschichte durch endogene und exogene Kräfte eine wichtige Rolle. Außerdem werden bspw. auch Böden und die Genese relevanter Landschaftszonen thematisiert. Vor dem Hintergrund dieser Ausführungen zeichnet sich der Umfang des entsprechend notwendigen Vorwissens ab. In Anbetracht der dieser Arbeit zugrunde liegenden Zielsetzung, die eine Wiederholungs- bzw. Kompensationsphase über eine Zeitdauer von zwei Doppelstunden vorsieht, wird deutlich, dass dies für die vorgesehenen Unterrichtsinhalte der gesamten Einführungsphase nicht zu leisten ist. Daraus resultierte die Entscheidung, das Augenmerk ausschließlich auf das Themengebiet zu legen, welches für die Inhalte des ersten Halbjahres der Einführungsphase unmittelbar relevant ist – die Klimageographie. Eine genauere Festlegung des für die Jahrgangsstufe E1 vorauszusetzenden klimageographischen Vorwissens für das zu entwickelnde

[53] Erkenntnis aus einem Gespräch mit Hr. xxxxxxx am 13.08.2012.
[54] HKM1, 2010, S. 24.
[55] Vgl. dazu und im Folgenden HKM1, 2010, S. 24-25.

Kompensationskonzept verlangte zudem die Überprüfung der am xxxxx-Gymnasium vermittelten Inhalte der Jahrgangsstufen 8.2 und 9.1.[56] Das hessische Kerncurriculum, welches erst seit dem Jahr 2012 die verbindliche Grundlage für den Unterricht in der Sekundarstufe I darstellt, gewährt inhaltlich relativ große Spielräume. Der hessische Lehrplan, dessen Inhalte nach wie vor als Orientierung dienen können, formuliert folgende Themenfelder für das erste Halbjahr:[57]

- Gradnetz und Erde im Weltraum
- Zusammenhang zwischen Klima und Vegetation
- Dynamik endogener und exogener Kräfte
- Auswirkungen von Eingriffen des Menschen in den Naturhaushalt

Insgesamt sind für die Vermittlung dieser Inhalte 19 Stunden eingeplant, wobei vier Stunden auf den Zusammenhang zwischen Klima und Vegetation entfallen. Die Unterrichtspraxis am xxxxxxxx-Gymnasium dehnt dieses Stundenkontingent deutlich aus. „Die Fachschaft Erdkunde hat sich in den letzten Jahren darauf verständigt, das Thema „Klima und Vegetation" in der Jahrgangsstufe 8.2 als deutlichen Schwerpunkt zu behandeln, was uns im Hinblick auf die bevorstehenden Unterrichtsinhalte der Einführungsphase als sinnvoll erscheint. Dabei haben die Fachkollegen aber Spielraum für individuelle Schwerpunktsetzungen. Über die Inhalte der physischen Geographie können wir uns nicht zuletzt stärker von Fächern wie Politik und Wirtschaft abgrenzen."[58] Dies ist im bis 2012 gültigen Fachcurriculum für die Mittelstufe in dieser Form noch nicht berücksichtigt, wird aber in der neuen Fassung sehr deutlich.[59] Die Auswirkungen von Eingriffen des Menschen in den Naturhaushalt werden am xxxxx-Gymnasium i.d.R. anhand des Raumbeispiels der afrikanischen „Sahelzone" untersucht, wo bereits komplexere klimageographische Zusammenhänge, bspw. in Form der innertropischen Zirkulation, thematisiert werden. Sollte es aufgrund der knappen Stundenkalkulation des Lehrplans zu zeitlichen Engpässen kommen, dann verschieben sich einige der Inhalte in das folgende Halbjahr. In der Jahrgangsstufe 9.1 stellen Strukturwandel und Entwicklungschancen anhand weltweiter Raumbeispiele u.a. unter Berücksichtigung bereits bekannter klimageographischer Voraussetzungen die Kerninhalte dar, was schließlich in eine Einführung zur Projektarbeit mit abschließender Präsentation übergeht.[60] In diesem Zusammenhang wurde in den

---

[56] Wie auf S. 2 dieser Arbeit bereits angedeutet findet am xxxxxx-Gymnasium eine Verschiebung der Lehrplanbestimmungen für das Fach Erdkunde von den Klassenstufen 8.1 und 8.2 in die Klassenstufen 8.2 und 9.1 statt.

[57] Vgl. dazu HKM1, 2010, S. 16; HKM5, 2012, S. 3-4.

[58] Erkenntnis aus einem Gespräch mit Hr. xxxxxxx am 13.08.2012. Vgl. zu den Lehrplanbestimmungen für den Erdkundeunterricht während der Mittelstufe HKM1, 2010, S. 16-20.

[59] Vgl. dazu das neue Fachcurriculum für die Mittelstufe auf der beigefügten CD-Rom (Datei 11).

[60] Vgl. dazu und im Folgenden HKM1, 2010, S. 16-20. Am xxxxxxxx-Gymnasium beschränkt man sich i.d.R. auf eine reduzierte Auswahl an Räumen, die unter verschiedenen Fragestellungen bearbeitet werden, um eine intensivere

vergangenen Jahren bspw. bereits des Öfteren der Monsun in Indien als klimageographische Besonderheit thematisiert.[61] Das im Hinblick auf die Fachkenntnisse nur oberflächlich formulierte Anschlussprofil des Lehrplans von der Mittelstufe in die gymnasiale Oberstufe spielt für die Auswahl der Inhalte des zu entwickelnden Konzeptes aufgrund der schulspezifischen Schwerpunktsetzungen des xxxxx-Gymnasiums keine Rolle. Unter Berücksichtigung der bisher dargestellten Bedingungen habe ich mich für eine Untergliederung der klimageographischen Inhalte in folgende Teilbereiche entschieden:

- Jahreszeiten und Beleuchtungszonen der Erde
- Entstehung von Regen
- Wind als Druckausgleichströmung
- Regionale Windsysteme
- Innertropische Zirkulation
- Klimadiagramme und Klimazonen
- Vegetationszonen
- Monsun

Diese Teilthemen bauen zum Großteil aufeinander auf und stellen eine wichtige Voraussetzung für die bevorstehende Arbeit in der Jahrgangsstufe E1 dar, weshalb sie zu Beginn des Halbjahres zu wiederholen bzw. diesbezügliche heterogene Lernausgangslagen zu kompensieren sind. Das Thema „Endogene/Exogene Kräfte“[62], welches erst für die Jahrgangsstufe E2 Voraussetzung ist, sollte durch die SuS in Eigenverantwortung im Laufe des ersten Halbjahres wiederholt bzw. erarbeitet werden.[63] Dazu erhielt der Kurs während der ersten Doppelstunde einen zur Orientierung dienenden Fragenkatalog mit Angaben zu am xxxxxxxxxxxxxx-Gymnasium vorhandenen Schul- und Fachbüchern zum Nachlesen. In der letzten Doppelstunde des Halbjahres soll das Thema im Kurs gemeinsam zusammengefasst und ggf. aufgetretene Unklarheiten geklärt werden.

Auseinandersetzung mit den Themenbereichen und ausführlichere Nachbereitung der Präsentationen zu ermöglichen, was eine Erhöhung des Lernertrages begünstigt.

[61] Vgl. dazu HKM1, 2010, S. 18.

[62] Vgl. dazu HKM1, 2010, S. 16.

[63] Die Auswertung des Selbstdiagnosebogens zeigt, dass entsprechender Nachholbedarf besteht. Vgl. dazu Abb. 1.

4 Didaktisches Zentrum und zu fördernde Kompetenzbereiche

Didaktisches Zentrum der Unterrichtsreihe

Die Schülerinnen und Schüler erarbeiten bzw. wiederholen die für das erste Halbjahr der Einführungsphase vorausgesetzten klimageographischen Grundlagen, indem sie sich in Form einer Lerntheke mit entsprechenden Inhalten eigenverantwortlich und selbstständig auseinandersetzen.

Kompetenzorientierte Lernziele[64]

Die SuS ...

Kompetenzbereich Fachwissen

- ...erläutern die Auswirkungen der Stellung und Bewegung der Erde im Sonnensystem und leiten daraus die Entstehung der Beleuchtungszonen ab. (F1)
- ...erläutern die für die Niederschlagsbildung elementaren Auswirkungen unterschiedlicher Temperaturen auf die Wasseraufnahmefähigkeit von Luft. (F2)
- ...erläutern die Entstehung und Auswirkung von Luftdruckunterschieden. (F2)
- ...erläutern die Entstehung der regionalen Windsysteme „Land-Seewind" und „Föhn". (F2)
- ...erläutern die Entstehung der Innertropischen Zirkulation sowie die damit verbundene Ausprägung der (sub-)tropischen Luftdruckgebiete. (F2)
- ...beschreiben und erklären die Bedeutung des Klimas für die Ausprägung verschiedener Vegetationszonen. (F2)
- ...beschreiben und erklären das naturgeographische Phänomen des Monsun. (F2)

Kompetenzbereich Räumliche Orientierung

- ...kennen die Klima- und Vegetationszonen der Erde in Grobform und nutzen diese als grundlegende räumliche Orientierungsraster. (O1)
- ...lesen thematische Karten und werten diese unter einer zielführenden Fragestellung aus. (O3)

Kompetenzbereich Erkenntnisgewinnung/Methoden

- ... wählen Informationen aus Texten, Karten, Bildern und Diagrammen problem-, sach- und zielgemäß aus. (M2)
- ...wandeln gewonnene Informationen in andere Darstellungsformen (Schaubilder und Klimadiagramme) um. (M3)

Kompetenzbereich Kommunikation

- ...verstehen geographisch relevante schriftliche Aussagen in Fachsprache. (K1)

---

[64] In Anlehnung an DGfG, 2010, S. 8-29. Darüber hinaus werden alle überfachlichen Kompetenzbereiche gefördert.

5 Methodische Überlegungen

5.1 Mögliche Vorgehensweisen zur Erreichung der Zielsetzung

Nach der Festlegung der relevanten klimageographischen Grundlagen, im Rahmen der dieser Arbeit zugrunde liegenden Zielsetzung[65], galt nun die Überlegung einer zur Umsetzung geeigneten methodischen Vorgehensweise.[66] Dazu wurden mehrere Möglichkeiten berücksichtigt und gegeneinander abgewogen, von denen an dieser Stelle zwei exemplarisch vorgestellt werden sollen. Eine Variante stellt der fragend-entwickelnde Frontalunterricht dar, eine „Unterrichtsform, bei der die Klasse als Plenum unterrichtet wird. [...] Die Aufgabe besteht darin, die Schüler durch Erklärungen, Visualisierungen, Impulse und Fragen zum Denken, Darstellen, Begreifen und zum Wiederholen von Sachverhalten anzuleiten."[67] Die Lehrperson kann die einzelnen Teilthemen nach eigenen Vorstellungen aufbereiten und der Lerngruppe durch ein Lehrgespräch erneut ins Gedächtnis rufen. Ein gezielter Wechsel von Fragstellungen, Nachdenk- und Austauschphasen (auch der SuS untereinander) erfolgt lehrergesteuert über alle acht Themenbereiche hinweg, so dass eine vollständige Auseinandersetzung aller SuS mit der Materie sowie deren inhaltliche Richtigkeit gewährleistet sind. Obwohl diese Methode in der Literatur für Wiederholungsphasen als geeignet eingestuft wird, ist sie für das bevorstehende Unterrichtsvorhaben jedoch nicht von Vorteil. Vor dem Hintergrund der in Kapitel 1.2 beschriebenen, konstruktivistischen Ansätze modernen Unterrichts besitzt das fragend-entwickelnde Unterrichtsverfahren zwar „eine wichtige Funktion im Wechselspiel zwischen notwendiger Lehrerlenkung und eigenverantwortlichem Lernen"[68], sollte jedoch mit anderen schülerzentrierten Methoden verknüpft sein, statt den Unterricht zu dominieren. Frontalunterrichtsphasen sollten von limitierter Zeitdauer in Erarbeitungs- oder Sicherungsphasen eingesetzt werden, da sie den gesamten Kurs gleichen Lernanforderungen und Lerntempi unterwerfen. Den SuS bliebe auf diese Weise verwehrt, individuelle Schwerpunkte gemäß der unterschiedlichen Lernausgangslagen zu setzen. Da man sich zudem an den stets langsamsten SuS orientieren müsste, wäre die aufzubringende Zeit schwer einschätzbar und zwei Doppelstunden wahrscheinlich nicht ausreichend. Als weitere Variante wäre ein selbstständiges Erarbeiten der acht einzelnen Teilthemen in Partnerarbeit bzw. Kleingruppen und

---

[65] Vgl. zur Zielsetzung S. 6 dieser Arbeit.

[66] Im Anschluss an die Ermittlung der Lernausgangslage gilt es bei der weiteren Gestaltung des Lernarrangements, „diese Besonderheiten so zu berücksichtigen, dass Schülerinnen und Schüler sich auf variable und für sie passende Weise Kenntnisse und Kompetenzen aneignen können." HKM3, 2011, S. 25. „Für unterschiedliche Unterrichtsziele und in Abhängigkeit von den Unterrichtsinhalten und den Lernvoraussetzungen sind unterschiedliche Unterrichtsmethoden [...] unterschiedlich gut geeignet." Hasselhorn/Gold, 2006, S. 29.

[67] Mattes, 2011, S. 90. Vgl. im Folgenden Mattes, 2011, S. 90-91.

[68] Mattes, 2011, S. 90.

anschließender Präsentation im Plenum denkbar. Zuerst würde eine Erarbeitungsphase von etwa 45 bis 60 Minuten erfolgen, während der sich die SuS ein bestimmtes Themenfeld anhand von durch die Lehrperson erstellter Sachtexte mit unterstützenden Abbildungen aneignen. Die Arbeitsblätter könnten Hinweise über weiterführende Literatur oder zur Verfügung stehende Medien enthalten, um die Selbstständigkeit zu fördern und verschiedene Lerntypen anzusprechen. Das korrekte Verstehen der Inhalte wäre Voraussetzung für die anschließende Vorbereitung eines adressatengerechten Vortrags, dem sich eine kurze Diskussionsrunde zur Beseitigung evtl. auftretender Unklarheiten anschließt. Die Sicherung könnte darin bestehen, dass jedes Team als Hausaufgabe dem Kurs ein einseitiges Informationsblatt bzw. Handout zum eigenen Thema entwickelt und auf der Online-Lernplattform „ItsLearning", mit der das xxxxxx-Gymnasium arbeitet, als Download zur Verfügung stellt. Diese Vorgehensweise erachte ich im Hinblick auf meine Zielsetzung jedoch aus mehreren Gründen als nicht sinnvoll. Zum einen arbeiten nur zwei bis drei Kursmitglieder zusammen, was das vollständige Verstehen sowie eine korrekte, anschauliche Wiedergabe nicht hinreichend gewährleistet. Die Wahrscheinlichkeit, dass umfangreichere Nachbesprechungen nötig sind, schätze ich als relativ hoch ein. Eine Zeitvorgabe von zwei Doppelstunden würde bedeuten, dass nur etwa zehn Minuten für die einzelnen Präsentationen inkl. möglicher Gesprächsrunden im Anschluss zur Verfügung stehen würden. Vor dem Hintergrund unterschiedlichen Vorwissens und verschiedener Arbeitstempi ist zudem davon auszugehen, dass die vorgegebene Erarbeitungszeit für einige Arbeitsgruppen zu kurz bzw. zu lang ist, was einer effizienten Nutzung der zur Verfügung stehenden Zeit im Wege steht. Abgesehen davon würden die etwa zehnminütigen Vorträge bedeuten, dass sich alle SuS, ähnlich der fragend-entwickelnden Methode, unabhängig des individuellen Vorwissens, in gleichem zeitlichem und inhaltlichem Umfang mit allen der durch die Mitschüler präsentierten Themen auseinandersetzen würden. Diese Vorgehensweise hätte ein Ausklammern wichtiger individualisierender bzw. binnendifferenzierender Potenziale zur Folge. Die Aufarbeitung des Themenbereichs der Klimageographie auf der Basis der diagnostizierten Heterogenität bzgl. des Vorwissens bietet meiner Meinung nach jedoch hervorragende Möglichkeiten für eigenverantwortliches, selbstständiges und kooperatives Lernen. Sollten diese Potenziale nicht im Konflikt mit dem vorgesehenen Zeitrahmen stehen, halte ich es für sinnvoll, diese bestmöglich auszuschöpfen, denn der „Unterricht in der gymnasialen Oberstufe strebt [...] die Fähigkeit an, selbstständig zu lernen und zu arbeiten [...]"[69].

[69] OAVO, 2010, S. 5. Vgl. dazu auch HKM3, 2011, S. 25.

5.2 Einsatz einer Lerntheke zur Kompensation relevanter klimageographischer Grundlagen

Nach dem Abwägen methodischer Alternativen habe ich mich schließlich für den Einsatz eines Stationenlernens in Form einer Lerntheke zur Erreichung meiner Zielsetzung entschieden. „Das Stationenlernen ist ein konstruktivistisches Lernmodell"[70], welches die Selbststeuerung und Selbstverantwortung der SuS erlaubt und gleichzeitig „eine Individualisierung des Lerntempos und der Lernintensität an verschiedenen Lernstationen ermöglicht"[71]. Bei der offenen Unterrichtsform des Stationenlernens werden, zuvor durch die Lehrperson umfangreich aufbereitete, aufgaben- und materialdifferenzierte Lernstationen eingerichtet, die es in einem vorgegebenen Zeitrahmen zu bearbeiten gilt. Die einzelnen Stationen beinhalten damit nicht nur unterschiedliche Teilaspekte eines übergeordneten Rahmenthemas, sondern sprechen nach Möglichkeit auch verschiedene Lernkanäle[72] an. Alle Stationen, die zudem in Pflicht- und Wahlteile unterteilt werden können, stehen zeitgleich zur Verfügung und können in beliebiger Reihenfolge bearbeitet werden.[73] Eine Unterform des Stationenlernens stellt die Lerntheke dar, bei der die in Form einer Theke dargebotenen Arbeitsmaterialien von den SuS ausgewählt und an den eigenen Arbeitsplatz mitgenommen werden.[74]

Vor diesem Hintergrund bestand die Herausforderung darin, eine Lerntheke zu gestalten, mit der die SuS während einer Dauer von zwei Doppelstunden selbstständig defizitorientiert arbeiten, um die klimageographischen Grundlagen der Mittelstufe zu erarbeiten bzw. zu wiederholen und damit eine Angleichung des bestehenden Vorwissens an die erforderlichen Voraussetzungen zu erreichen. Auf der Grundlage der auf S. 13 dargestellten Teilbereiche der Klimageographie wurden in der Folge insgesamt acht verschiedene Teilthemen bzw. Lernstationen entwickelt, wobei es darauf ankam, Arbeitsmaterial und Lernumgebung so zu gestalten, dass die Lerngruppe ohne ständige Intervention der Lehrperson arbeiten kann.[75] Für jede Station wurde daher ein eigener Arbeitsbogen entworfen, zum einen aus einem selbst erstellten, möglichst klar strukturierten Sachtext, der möglichst prägnant über das

[70] Brenner/Brenner, 2011, S. 36.
[71] Brenner/Brenner, 2011, S. 35. Vgl. im Folgenden Brenner/Brenner, 2011, S. 35-36; Mattes, 2011, S. 168-169.
[72] Die besten Lernergebnisse werden erzielt, wenn beim Lernen mehrere Sinne angesprochen werden. Die Behaltensleistung variiert je nachdem, ob der Lernstoff nur gehört (20%), nur gesehen (30%), gehört und gesehen (50%), gehört, gesehen und diskutiert (70%) oder gehört, gesehen, diskutiert und angewendet (90%) wird. Vgl. dazu Gasser, 2009, S. 9.
[73] Ist die Reihenfolge vorgegeben, spricht man von einem „Lernzirkel". Vgl. dazu Mattes, 2011, S. 170.
[74] Vgl. dazu Brenner/Brenner, 2011, S. 36; Mattes, 2011, S. 170.
[75] Vgl. dazu Brenner/Brenner, 2011, S. 35. „Die Lernarbeit des Schülers kann unterstützt werden, indem man ihm Lernmaterial darbietet, das bereits einen hohen Ordnungsgrad (Organisationsgrad) aufweist." Mietzel, 2007, S. 247. „Im offenen Unterricht ist das Lernwerkzeug entscheidend für den Lernerfolg." Meyer, 2009, S. 121.

jeweilige Teilthema informiert.[76] Zum anderen wurden möglichst anschauliche, den Text in angemessener Form ergänzende Abbildungen integriert. Da die am xxxxxxx-Gymnasium verwendeten Erdkunde-Schulbücher die hier zugrunde liegenden Anforderungen nicht zu allen Themengebieten vollständig erfüllen, basiert ein Großteil der Informationen auf der Durchsicht weiterer aktueller Lehrwerke mehrerer Schulbuchverlage, Atlanten, diverser Fachbücher und Onlinequellen.[77] Die Arbeitsbögen der einzelnen Stationen beinhalten ferner Hinweise zu am xxxxxx-Gymnasium vorhandener, ergänzender bzw. vertiefender Literatur, in Form von Erdkunde-Schulbüchern und Atlanten, auf die die SuS bei Bedarf zurückgreifen konnten. Am Ende der Arbeitsbögen, von denen beispielhaft das zu Station 3 gehörende Exemplar auf den Seiten 38 bis 39 dieser Arbeit eingesehen werden kann, sind Arbeitsaufträge zur Selbstüberprüfung zu finden. Da die einzelnen Stationen eindeutig gekennzeichnet und gut zugänglich sein sollten, waren die Arbeitsbögen der Lerntheke auf vier aneinandergereihten Tischen, an der hinteren Wand des Raums B 226, in durchnummerierter Reihenfolge von eins bis acht hinterlegt.[78] Von dort konnten sich die SuS jeweils ein Exemplar des aktuell zu behandelnden Teilthemas wegnehmen und an einem beliebigen Arbeitsplatz im Klassensaal bearbeiten. Im Anschluss daran galt es dieses wieder zurückzulegen, um einen Zugriff durch die Mitschüler zu ermöglichen. Obwohl die einzelnen Themenbereiche überwiegend aufeinander aufbauen, wurden die zugehörigen Unterlagen in lediglich vierfacher Ausfertigung dargeboten. Aufgrund des diagnostizierten, heterogenen Vorwissens war davon auszugehen, dass die SuS, den individuellen Leistungsvoraussetzungen entsprechend, nicht alle Stationen bearbeiten bzw. ihre Arbeit an verschiedenen Stationen beginnen.[79] Dass kein Kursteilnehmer die Selbsteinschätzung zu allen Items mit „trifft voll zu“ vorgenommen hatte, spricht jedoch für einen vorherrschenden Wiederholungsbedarf bei der gesamten Lerngruppe, der sich lediglich in seinem Umfang unterscheidet.[80] Vor diesem Hintergrund wird ersichtlich, dass es bei der dieser Arbeit zugrunde liegenden Ausprägung der Lerntheke keine idealtypische Unterscheidung in Pflicht- und Wahlstationen gibt. Die SuS können Anzahl und

[76] „Klarer Aufbau, markante Überschriften, präzise Arbeitsaufträge, übersichtlich arrangierte Informationsbausteine, ausgewogenes Wechselspiel von Text, Bild und Grafik – auf all dieses kommt es an.“ Klippert, 2010, S. 85. Vgl. zur Bedeutung der Gestaltung von Arbeitsblättern Klippert, 2010, S. 84-85; Wild/Möller, 2009, S. 109-113; Hasselhorn/Gold, 2006, S. 373-374. Die für die einzelnen Stationen entwickelten Arbeitsbögen sind auf der beigefügten CD-Rom (Dateien 01 bis 08) einzusehen.

[77] Die entsprechenden Quellenangaben sind auf jedem Arbeitsbogen hinterlegt.

[78] Vgl. dazu Klippert, 2010, S. 109. Vgl. zur Gestaltung der Lernumgebung des dieser Arbeit zugrunde liegenden Unterrichtsvorhabens Abb. 2.

[79] Für jeden Kursteilnehmer ein eigenes Exemplar der Arbeitsbögen zur Verfügung zu stellen ist nicht praktikabel, da es das den Lehrkräften zur Verfügung stehende Kopierkontingent in unverhältnismäßig starkem Umfang belasten würde!

[80] Für den Fall, dass die erste Selbstdiagnose bei einzelnen SuS keine nennenswerten Wissenslücken offenbart, wäre über das Angebot von über den Lernthekeninhalt hinausgehende Zusatzaufgaben in Erwägung zu ziehen, um evtl. auftretender Langeweile bzw. Unterforderung entgegenzuwirken. Eine Einarbeitung in den Wärme- & Strahlungshaushalt der Erde oder den Aufbau der Atmosphäre, die in einem Schülervortrag an entsprechender Stelle des Unterrichtsgeschehens mündet, könnte dabei eine Möglichkeit darstellen.

Reihenfolge der zu bearbeitenden Teilthemen, sowie die Intensität der Auseinandersetzung mit diesen, frei wählen, solange die Inhalte und Zusammenhänge im Anschluss als bestehendes Vorwissen vorausgesetzt werden können. Neben den Arbeitsbögen galt es auch die übrige Lernumgebung ansprechend und vielfältig zu gestalten, um mehrere Lernkanäle zu bedienen, einen hohen Aufforderungscharakter für selbstständiges Arbeiten zu schaffen und somit gute Lernergebnisse zu ermöglichen.[81] Die auf den Arbeitsbögen als ergänzende Literatur angegebenen Schulbücher und Atlanten wurden neben den Stationen platziert. Im vorderen Teil des Klassenraums wurde eine Wandkarte mit den Klimazonen der Erde, die die SuS am Ende der Jahrgangsstufe E1 zum Großteil erläutern können sollen, jedoch bereits im Rahmen der Lerntheke (z.B. bei Thema 6: Klimadiagramme und Klimazonen) mit einbezogen werden kann, aufgestellt. Das Tellurium des xxxxxxxx-Gymnasiums, mit dem die Lerngruppe bei Bedarf im Zusammenhang mit Thema 1 (Jahreszeiten und Beleuchtungszonen der Erde) arbeiten kann, wurde ebenso entlang der linken Wand des Raumes aufgebaut wie das Kerzenexperiment zu Thema 3 (Wind als Druckausgleichströmung), um die Sympathien der SuS für die Arbeit mit Experimenten zu berücksichtigen und sie zur aktiven Auseinandersetzung mit den entsprechenden Themen zu motivieren.[82] Des Weiteren kam eine Powerpoint-Datei auf einem Laptop zum Einsatz, deren Inhalte per Beamer auf der dafür vorgesehenen Projektionsfläche angeschaut werden konnten.[83] Die abrufbaren Folien beinhalteten Videos, Animationen und Abbildungen zu den Stationen 1, 4, 5, 6 und 7, welche den SuS bei Bedarf als zusätzliche Informationsquelle zur Verfügung standen.[84] Um das zu Station 4 gehörende Video mit Ton anschauen zu können, ohne die übrigen SuS in ihrem Arbeitsprozess zu stören, lagen Kopfhörer bereit. Die dargestellte Lernumgebung sollte den SuS das selbstständige Wiederholen und Aufarbeiten der für das bevorstehende Unterrichtshalbjahr relevanten Mittelstufeninhalte erleichtern und Ansatzpunkte für alle Leistungsniveaus bieten.

Die Sozialform, d.h. Einzel-, Partner- oder Gruppenarbeit, war den SuS während der gesamten Arbeit mit der Lerntheke freigestellt. Aufgrund der unterschiedlichen Lernausgangslagen ist es zweifelsohne sinnvoll, eine individuelle Auseinandersetzung mit den Unterrichtsinhalten zu ermöglichen. Auf der anderen Seite bietet kooperatives

[81] Vgl. zur Bedeutung einer ansprechenden Lernumgebung HKM3, 2011, S. 25; Meyer, 2009, S. 120-126.

[82] „Die Schülerinnen und Schüler müssen im Unterricht möglichst oft und konsequent zum eigenständigen Denken und Konstruieren, Entdecken und Gestalten, Kommunizieren und Kooperieren, Planen und Entscheiden, Recherchieren und Experimentieren, Präsentieren und Reflektieren, Üben und Wiederholen des betreffenden Lernstoffs veranlasst werden." Klippert, 2010, S. 60. Dass die Lerngruppe gerne mit Experimenten arbeitet ist Abb. 1 dieser Arbeit zu entnehmen. Zu Station 3 böte sich bspw. auch ein Experiment zur Ausdehnung warmer Luft an, bei dem ein ungefüllter Luftballon über einen Plastikflaschenhals gestülpt wird. Die leere Plastikflasche kann dann in einen Behälter mit heißem Wasser getaucht werden, wobei sich die Luft darin ausdehnt und den Luftballon aufbläht.

[83] Der Bildschirm des eingesetzten Laptops war relativ klein, so dass ein Beamer für den vorgesehenen Einsatz wesentlich sinnvoller war.

[84] Die beschriebene Powerpoint-Datei befindet sich auf der beiliegenden CD-Rom (Datei 18).

Lernen aus konstruktivistischer Sicht, wie bereits mehrfach angedeutet, große Potenziale im Hinblick auf den Lernertrag. Den SuS sollte daher auch die Möglichkeit gegeben werden, gemeinsam zu arbeiten, zu diskutieren und sich bei Bedarf gegenseitig zu kontrollieren und zu unterstützen. Außerdem belegte die Auswertung des Selbsteinschätzungsbogens, dass Partner- und Gruppenarbeiten, im Vergleich zu Einzelarbeiten, bei der Lerngruppe relativ beliebt sind.[85] Das wichtigste Merkmal des Lernthekenkonzeptes bestand jedoch darin, dass die SuS im Hinblick auf die vorgegebene Zielsetzung sowie den zur Verfügung stehenden Zeitrahmen selbst die Verantwortung für den eigenen Lernprozess übernehmen. Vor diesem Hintergrund und der Tatsache, dass die zur Erledigung des Arbeitsauftrages vorgesehene Zeitdauer aufgrund der erstmaligen Durchführung des Konzepts schwierig abzuschätzen war, war es den Kursteilnehmern auch freigestellt, Arbeitsbögen zu kopieren und als Hausaufgabe zu erledigen.[86]

Um einen besseren Überblick über die persönlichen Lernfortschritte zu gewähren, erhielten alle Kursmitglieder zu Beginn der ersten Doppelstunde einen Leitfaden in Form eines Laufzettels.[87] Dieses Merkblatt enthält eine Zusammenfassung der grundlegenden Informationen zur Arbeit mit der Lerntheke, welche mit den SuS vor Arbeitsbeginn gemeinsam besprochen wird, um Unklarheiten vorzubeugen. Außerdem können die SuS in den entsprechenden Spalten eintragen, welche der Stationen sie bereits gelesen und verstanden haben bzw. wo noch Klärungsbedarf besteht. Um zu verhindern, dass konzentriert arbeitende SuS durch Zwischenfragen anderer Mitschüler/Innen gestört werden, oder für den Fall, dass sogar bei Partnern oder Kleingruppen noch Unklarheiten bestehen, gibt es ein spezielles Expertensystem. SuS, die bereits alle Stationen bearbeitet und verstanden haben, signalisieren ihre Hilfsbereitschaft, indem sie sich in eine „Expertenliste“ an der Tafel eintragen, um von allen übrigen Kursteilnehmern gezielt angesprochen werden und Hilfestellung leisten zu können. Die Experten übernehmen in diesem Fall die Verantwortung für das Lernen der Mitschüler.[88] Indem sie andere Kursmitglieder durch die zielorientierte Verbalisierung der relevanten Lerninhalte unterstützen, wenden sie ihr vorhandenes Wissen kompetenzorientiert an. Auf diese Weise konnte eine weitere Binnendifferenzierung geschaffen werden.

---

[85] Vgl. dazu Abb. 1.

[86] Lernende sollen „ausreichend Zeit zur Verfügung haben und diese auch nutzen können, damit durch Wiederholung eine aktive Auseinandersetzung mit dem Lernmaterial stattfinden kann." Mietzel, 2007, S. 247. Vgl. dazu auch Klippert, 2010, S. 86-88.

[87] Vgl. dazu Klippert, 2010, S. 112. Der Leitfaden bzw. Laufzettel ist im Anhang, S. 37 zu finden.

[88] Vgl. dazu und im Folgenden Mattes, 2011, S. 50-51.

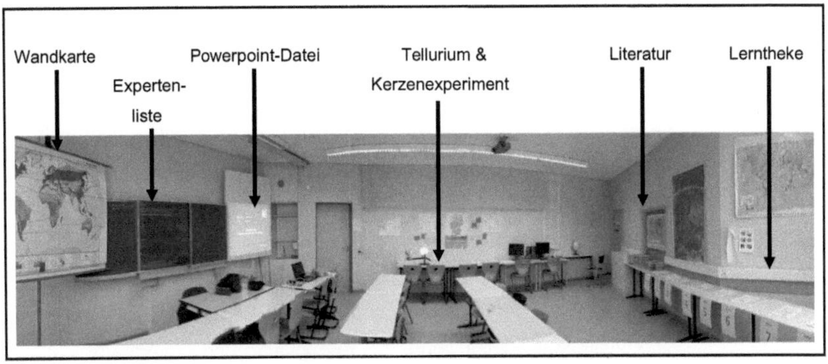

Abb. 2: Gestaltung der Lernumgebung

Quelle: Eigene Aufnahme.

Um das gesamte Potenzial der vorliegenden, sehr offen gestalteten Konzeption der Lerntheke abrufen zu können, ist eine defensiv ausgerichtete Lehrerrolle während der Arbeitsphasen, die eine Intervention nur in durch die Lerngruppe nicht selbstständig lösbaren Problemsituationen vorsieht, erforderlich.[89] Die Lerngruppe verfügt über eine zur Erreichung der Zielsetzung umfassend vorbereitete Lernumgebung, die selbstverantwortliches, selbstständiges und problemlösendes Lernen ermöglicht. Offene Unterrichtsformen können jedoch auch negative Effekte, z.B. in Form von Überforderung oder Frustration schwächerer SuS, mit sich bringen, was ein aufmerksames Beobachten der gesamten Lerngruppe während der Arbeitsphasen erfordert.[90] Die Tatsache, dass es sich um eine gymnasiale Oberstufe handelt und die Lerngruppe während der Mittelstufe bereits zumindest mit einem Großteil der Inhalte konfrontiert wurde, sollte die Wahrscheinlichkeit der Überforderung jedoch reduzieren.

6 Durchführung der Lerntheke

Nachdem die erste Doppelstunde des Erdkundeunterrichts mit dem neu zusammengestellten Kurs aus einer Vorstellungsrunde, einer allgemeinen Einführung und der Ermittlung der Lernausgangslage in Form eines Selbsteinschätzungsbogens bestanden hatte, erfolgte der Einstieg in die erste Doppelstunde des Stationenlernens mit der Vorstellung des Ablaufs. Dazu wurde jedem Kursteilnehmer der Leitfaden ausgeteilt und die angegebenen Hinweise zur Zielsetzung und zum Ablauf der Lerntheke gemeinsam besprochen sowie auf die Gestaltung der Lernumgebung in Form der zur Verfügung stehenden ergänzenden Materialien, Medien und Hilfsmittel

[89] Vgl. dazu Klippert, 2010, S. 142-144.
[90] Vgl. dazu Wild/Möller, 2009, S. 80.

hingewiesen.[91] Auf diese Weise wurde der Arbeitsauftrag schnell klar, so dass die SuS nach etwa 10 Minuten mit der selbstständigen Bearbeitung der Lerntheke begannen. Die je vier Arbeitsbögen an den Stationen 1 bis 3 waren zügig vergriffen, da sich viele der SuS unabhängig von der Selbsteinschätzung offensichtlich zunächst noch einmal mit den Grundlagen auseinandersetzen wollten. Nachdem sich einige Zweiergruppen auf einen Arbeitsbogen beschränkt hatten und ich meine eigenen Exemplare der betreffenden Teilthemen zusätzlich zur Verfügung gestellt hatte, verlief der Umgang mit den Arbeitsbögen reibungslos. Auffallend war, dass der überwiegende Teil der Lerngruppe es bevorzugte, in Partnerarbeit zu arbeiten, wohingegen nur wenige in Dreiergruppen oder alleine beschäftigt waren. Bei den Zweier- und Dreierteams war zu beobachten, dass sich die Mitglieder den Text oft zuerst in Stillarbeit aneigneten, bevor sie sich über die Inhalte und Übungsaufgaben austauschten. Bei anderen Teams wurde der Sachtext zunächst laut vorgelesen, jedoch ohne die anderen zu stören und anschließend diskutiert. Die gesamte Lerngruppe arbeitete konzentriert, wodurch eine lernförderliche Arbeitsatmosphäre geschaffen wurde. Einige SuS legten zwischenzeitlich kleine Pausen ein, um auszuruhen oder sich auch mit anderen Mitschülern auszutauschen, was der Idee des offenen Unterrichts keinesfalls widerspricht. Das Angebot der Materialien und Lernhilfen, insbesondere das Tellurium, das Kerzenexperiment und die Powerpoint-Animationen, stießen auf großes Interesse. Die nachfolgenden Abbildungen vermitteln einen Eindruck der Schüleraktivitäten während der Arbeitsphase der ersten Doppelstunde:

Abb. 3: Arbeit mit dem Kerzenexperiment

Quelle: Eigene Aufnahme.

[91] Die Transparenz der Ziele, Inhalte und Abläufe ist wichtig für erfolgreiches Lernen. Vgl. dazu HKM3, 2011, S. 85.

Abb. 4: Arbeit mit der Powerpoint-Datei

Quelle: Eigene Aufnahme.

Gegen Ende der ersten Doppelstunde begann etwa ein Drittel der Lerngruppe damit, sich Kopien noch zu bearbeitender Arbeitsbögen anzufertigen, um diese als Hausaufgabe zu bearbeiten, während andere Interesse bekundeten, sich ein Exemplar der Lerntheke bis zur folgenden Woche auszuleihen. Es deutete sich an, dass die zur Erreichung der Zielsetzung eingeplanten zwei Doppelstunden zu knapp bemessen sein könnten. Um Urheberrechtsverletzungen vorzubeugen, war es leider nicht möglich, die Arbeitsbögen online auf „ItsLearning" zur Verfügung zu stellen. Letztlich gelang es allen SuS, sich mit den gewünschten Materialien auszustatten. In der zweiten Doppelstunde nahm die Lerngruppe die Weiterarbeit, nach einer kurzen Gesprächsrunde zu Beginn, zügig auf. Der Stundeneinstieg hatte ergeben, dass viele der SuS in der Zwischenzeit zu Hause weitergearbeitet hatten. Die Arbeitsphase mit der Lerntheke verlief ähnlich konzentriert wie in der Vorwoche, so dass es erneut nur vereinzelter Lehrerinterventionen bedurfte. Im Laufe der zweiten Stunde begannen H. und A. die Rolle der Experten zu übernehmen, nachdem sie die Themen vollständig bearbeitet und ihre Namen an der Tafel notiert hatten. Das Angebot wurde von Teilen des Kurses (A., F./M.) umgehend genutzt und es kam zu längeren Beratungsgesprächen. Ob die übrigen Kleingruppen, wie z.B. N./J./M. oder A./L., darauf verzichteten, weil sie sehr gut zurechtkamen oder ihnen das Befragen der Experten unangenehm war, ist nicht bekannt. Am Unterrichtsende signalisierte knapp die Hälfte des Kurses während einer kurzen Gesprächsrunde, dass sie sich etwas mehr Bearbeitungszeit für die Arbeit mit der Lerntheke gewünscht hätte. Damit wurde die Fertigstellung der Lernthekenarbeit für die entsprechenden SuS zur Hausaufgabe, die sich die dafür benötigten Arbeitsbögen mitnehmen durften. Ein erstes, kurzes mündliches Feedback zur Methode und der angebotenen Lernumgebung fiel ausnahmslos positiv aus. Bis zur darauffolgenden Erdkundestunde wurde ein Evaluationsbogen entwickelt, der neben den, aufgrund meiner Beobachtung entstandenen Eindrücke, genauere Erkenntnisse über die Arbeit mit der Lerntheke im Hinblick auf die zuvor formulierte Zielsetzung liefern sollte.

7 Evaluation und Handlungsempfehlungen für einen zukünftigen Einsatz der Lerntheke

Der eingesetzte Evaluationsbogen[92] setzte sich aus zwei Teilbereichen zusammen. Zum einen sollte er Aufschluss über den tatsächlichen Zuwachs bzw. die Kompensation des für das bevorstehende Halbjahr relevanten Vorwissens geben. Dazu wurden dieselben Untersuchungsmerkmale zum Thema „Klima und Vegetation“ wie bereits beim eingangs beschriebenen Selbsteinschätzungsbogen ausgewählt, die es auf identische Art und Weise zu bewerten galt.[93] Im zweiten Abschnitt war die Lerngruppe dazu aufgefordert, über ihre persönlichen Erfahrungen und Meinungen in Bezug auf den Arbeits- und Lernprozess im Rahmen der Lerntheke und der zugehörigen Lernumgebung zu reflektieren. Die Auswertung von Abschnitt 1, welche auf die gleiche Weise wie beim ersten Diagnosebogen erfolgte und der Vergleich mit den Ergebnissen des ersten Selbsteinschätzungsbogens lieferten interessante Erkenntnisse, was Abb. 5 belegt:[94]

---

[92] Vgl. zum eingesetzten Evaluationsbogen Anhang, S. 40-41.
[93] Vgl. zum Umgang mit dem ersten Selbsteinschätzungsbogen Kapitel 2.
[94] Vgl. zu Erstellung und Auswertungsverfahren des ersten Selbsteinschätzungsbogens die Ausführungen auf Seite 7-10 dieser Arbeit.

Item	Fachwissen	++ (3,0)	+ (2,0)	- (1,0)	-- (0,0)
1	Ich kann mit eigenen Worten beschreiben, wie die Jahreszeiten bei uns entstehen. (2,1) (2,4)	(5) 9	(9) 7	(4) 2	
2	Ich kann den Begriff „Taupunkttemperatur“ mit eigenen Worten erklären. (0,8) (1,9)	(1) 6	(2) 7	(7) 3	(9) 2
3	Ich kann den „Föhn“ als regionales Windsystem erklären. (1,0) (2,2)	(2) 8	(3) 6	(6) 4	(7)
4	Ich kann die Entstehung der Passatwinde erklären. (1,7) (2,3)	(5) 8	(4) 8	(7) 2	(2)
5	Ich kann erklären weshalb die subtropischen Wüsten bei ca. 30° nördlicher/südlicher Breite liegen. (1,3) (2,1)	(4) 7	(4) 7	(4) 3	(6) 1
6	Ich kann die drei grundlegenden Savannentypen benennen. (2,1) (2,4)	(8) 9	(5) 7	(4) 2	(1)

Abb. 5: Auswertung des zweiten Selbstdiagnosebogens am Ende der Unterrichtsreihe – Abschnitt 1.

Quelle: Eigene Darstellung.

Die aus dem vor Beginn der Arbeit mit der Lerntheke ausgefüllten Selbstdiagnosebogen hervorgehenden Werte sind in grauer Färbung hinterlegt, während die Verteilung der entsprechenden Angaben im Rahmen des Evaluationsbogens durch die schwarzen Zahlenangaben sowie die zugehörigen Durchschnittswerte in dunkelgrüner Farbe dargestellt sind.[95] Insgesamt ist zu erkennen, dass sich die Lerngruppe bei allen Untersuchungsmerkmalen besser einschätzt als zu Beginn, insbesondere bei Item 2, 3, 4 und 5, was den in der linken Spalte einander gegenübergestellten Dezimalzahlen bzw. dem im Gesamten nach links, in Richtung des möglichen Höchstwertes von 3,0 verschobenen Graphen (dunkelgrün) zu entnehmen ist.[96] Die eingangs diagnostizierte, auffallende Streuung der Antworten, sowohl zwischen den Items (deutlich verkleinerte Amplitude des Graphen) als auch innerhalb der Untersuchungsmerkmale (Vergleich der grauen und schwarzen, Ganzen Zahlen pro Item) wurde deutlich reduziert, was auf eine merkliche Reduzierung der zuvor festgestellten Heterogenität durch die Arbeit mit der Lerntheke hinweist. Im Hinblick auf die Zielsetzung dieser Arbeit scheint daher tatsächlich ein merklicher Kompensationseffekt bzgl. des für die Inhalte der Einführungsphase relevanten Vorwissens erzielt worden zu sein. Da die SuS auch auf dem Evaluationsbogen ihr persönliches Symbol vermerkt hatten, waren sie im Anschluss dazu in der Lage, die von ihnen vorgenommenen Selbsteinschätzungen vor und nach der Arbeit mit der Lerntheke zu vergleichen und damit ihren persönlichen Lernfortschritt nachzuvollziehen.

[95] Einige exemplarische, von SuS ausgefüllte Evaluationsbögen finden sich auf der beigefügten CD-Rom (Dateien 15 bis 17).

[96] Der in grauer Farbe dargestellte Graph entspricht den Ergebnissen vor Beginn der Unterrichtsreihe. Vgl. dazu auch Abb. 1.

Ähnlich der Durchführung und Auswertung des ersten Selbsteinschätzungsbogens ist jedoch auch in diesem Fall die Aussagekraft eines solchen Diagnoseverfahrens kritisch zu betrachten. Wie in Kapitel 1 beschrieben, kam es zur Erreichung der dieser Arbeit zugrunde liegenden Zielsetzung weniger auf die Ermittlung des genauen Vorwissens jedes einzelnen Kursteilnehmers an. Es galt lediglich einen Eindruck über das Ausmaß einer möglichen, zu erwartenden Heterogenität im Hinblick auf das für die Jahrgangsstufe E1 relevante Vorwissens zu gewinnen und aufzuarbeitende (Teil-) Themengebiete zu identifizieren, die es im Rahmen der bevorstehenden Kompensationsphase zu behandeln galt. Die verwendeten Untersuchungsmerkmale sollten zukünftig jedoch noch genauer auf die klimageographischen Grundlagen, welche zum damaligen Zeitpunkt weder als alleiniger Gegenstand der Kompensationsphase noch im Einzelnen feststanden, ausgerichtet sein. Zudem könnte die Zahl der Items gezielt erhöht werden, um die gesamte Breite der Lernthekeninhalte abzudecken. Auf diese Weise könnten durch den Einsatz desselben Bogens im Anschluss an die Arbeit mit der Lerntheke zudem genauere Informationen über den tatsächlichen Erwerb der zu fördernden Kompetenzen[97] gewonnen werden. Um eine möglichst realistische Selbsteinschätzung der SuS im Vorfeld der Lerntheke zu gewährleisten, wären dem Diagnosebogen beigefügte Aufgabenformate zur Selbstüberprüfung eine Möglichkeit gewesen. Vermutlich hätte die intensivere Auseinandersetzung der SuS mit den einzelnen Untersuchungsmerkmalen zu negativeren Ergebnissen geführt, die einen noch deutlicheren Bedarf an Kompensationsmaßnahmen erbracht hätten. In diesem Zusammenhang ist zudem zu bedenken, dass die Bearbeitung von Diagnosebögen mit Aufgabenformaten wesentlich mehr Zeit in Anspruch nimmt.

Eine weitere denkbare Vorgehensweise zur Bestimmung der Lernausgangslage hätte in einem unbewerteten Diagnosetest bestanden. Dabei bearbeiten die SuS ausgewählte Aufgabenstellungen zu den verschiedenen Teilthemen, die im Anschluss durch die Lehrperson eingesammelt und ausgewertet werden. Aufgrund der o.a. Argumentation und der Tatsache, dass ich meine neue Lerngruppe nicht bereits in der ersten gemeinsamen Unterrichtsstunde einer solchen Testsituation aussetzen wollte, habe ich mich jedoch dagegen entschieden.

Als Evaluationsinstrument im Anschluss an die Lerntheke wäre alternativ eine schriftliche Überprüfung in Form einer Lernerfolgskontrolle denkbar, welche eine umfassende Überprüfung der durch die Form des vorgestellten Lernthekenkonzepts angesprochenen Kompetenzbereiche aus Kapitel 4 ermöglichen würde. Fraglich ist

[97] Vgl. dazu Kapitel 4.

jedoch, ob man die in der Schule ohnehin zahlreichen Bewertungssituationen auf diese Weise sinnvollerweise noch verschärfen sollte. Eine abschließende, schriftliche Lernerfolgskontrolle hätte zwar eine verstärkte extrinsische Motivation zur Folge haben können, ist im Hinblick auf das Erziehungsziel der gymnasialen Oberstufe zum eigenverantwortlichen und selbstständigen Lernen jedoch nicht zwangsläufig zielführend. Stattdessen sollten die SuS darüber informiert werden, dass die Intensität der Auseinandersetzung mit den Inhalten der Lerntheke zum (besseren) Verständnis der bevorstehenden Unterrichtsinhalte beitragen und sich mit Sicherheit auf Quantität und Qualität der mündlichen Mitarbeit auswirken wird.

In Abschnitt 2 des Evaluationsbogens waren Rückmeldungen zu persönlichen Erfahrungen und Einstellungen in Form von 18 ausgewählten Kriterien zur Arbeit mit der Lerntheke erwünscht, um nicht zuletzt umfangreiche Handlungsempfehlungen für eine mögliche, zukünftige Arbeit mit einer vergleichbaren Lerntheke geben zu können. Die überwiegend geschlossenen und halboffenen Antwortmöglichkeiten sollten dabei eine praktikablere Auswertung unterstützen, deren Ergebnisse in Abb. 6 dargestellt sind, wovon die markantesten im Folgenden vorgestellt werden sollen. Bei Untersuchungsmerkmal 1, welches zukünftig in den der Lerntheke vorausgehenden Selbstdiagnosebogen eingebunden werden sollte, gaben 12 SuS an, das Thema „Monsun" zuvor noch nie behandelt und auch im Anschluss an die Lerntheke noch nicht hinreichend verstanden zu haben.[98] Vor diesem Hintergrund hätte die entsprechende Lernstation 8[99] lediglich als „unverbindliche Wahlstation" angeboten oder gänzlich auf diese verzichtet werden können, wodurch mehr Bearbeitungszeit für die übrigen Teilthemen zur Verfügung gestanden hätte. In diesem Zusammenhang hätte beim Thema „regionale Windsysteme" wohl auch eine Beschränkung auf die Grundlagen des „Föhns" ausgereicht, da die trocken- bzw. feuchtadiabatischen Temperaturveränderungen an entsprechender Stelle während der Einführungsphase thematisiert werden können.

Ab dem Schuljahr 2014/15 werden alle SuS der Jahrgangsstufen 8.2 und 9.1 nach dem neuen Fachcurriculum unterrichtet. Eine Überprüfung der Lernthekeninhalte zu besagtem Zeitpunkt ist ratsam, wobei jedoch nicht mit allzu großen Veränderungen zu rechnen ist. Zukünftig sollte man, abgesehen von der Themenauswahl, in Erwägung ziehen, die allgemeine Einführung zu Beginn des Halbjahres auf weniger als eine Schulstunde zu beschränken, so dass bereits zum Ende der ersten Stunde des ersten

[98] Vgl. dazu auch Item 17 und 18 in Abb. 6. Die übrigen Angaben könnten durch unterschiedliche Schwerpunktsetzungen der verschiedenen Fachlehrer während der Mittelstufe oder unterschiedliche, individuelle Behaltensleistungen zu erklären sein.
[99] Vgl. dazu Datei 08 auf der beigefügten CD-Rom.

Unterrichtstages die Ermittlung der Lernausgangslage erfolgen und der Ablauf der Lerntheke besprochen werden könnten.

Aufgrund der Rückmeldungen zu den Kriterien 2 und 3, die sich während der Durchführung bereits angedeutet hatten und der sehr konzentrierten Arbeit mit der Lerntheke, erachte ich eine Ausweitung der Bearbeitungszeit auf fünf statt (knapp) vier Einzelstunden als sinnvoll. Dass, je nach Vorwissen, einige Themen bei Bedarf als Hausaufgabe abschließend zu bearbeiten sind, ist, meiner Meinung nach, absolut sinnvoll, da in der vierten Unterrichtswoche des Halbjahres mit dem regulären Oberstufenunterricht fortgefahren werden sollte, um das für die vorgesehenen Unterrichtsinhalte der Jahrgangsstufe E1 zur Verfügung stehende Stundenkontingent nicht weiter zu schmälern.

In Bezug auf die Gestaltung der Arbeitsbögen erbrachte die Auswertung der Evaluationsbögen die Erkenntnis, dass der Großteil der Lerngruppe keinerlei Verständnisprobleme mit den Sachtexten hatte und, mit drei Ausnahmen, deren Umfang als angemessen empfand.[100] Die angebotenen Übungsaufgaben zur Selbstkontrolle wurden von 15 Kursteilnehmern als „sinnvoll" eingestuft und von allen SuS mindestens zur Hälfte bearbeitet.[101] Die Aufgabenstellungen sind vor dem Hintergrund der Ergebnisse der Untersuchungsmerkmale 8 und 9 noch einmal zu überprüfen, da sie scheinbar nicht ausnahmslos verstanden bzw. gelöst werden konnten. Zukünftig wäre in diesem Zusammenhang über ein Angebot von Musterlösungen nachzudenken, was sich zudem einer der Kursteilnehmer gewünscht hätte.[102] Damit wäre auch einer weiteren Rückmeldung Rechnung getragen, wonach die beiden an der Tafel ausgeschriebenen Experten angeblich keine Zeit für die Erläuterung aller aufkommenden Fragen hatten. Um zu verhindern, dass sich die SuS vorschnell der entsprechenden Musterlösungen bedienen, könnten diese in einer Ablage auf dem Lehrerpult aufbewahrt sein, was eine ausreichend hohe Hemmschwelle erzeugen könnte. Einem Drittel der Lerngruppe reichten Informationsdichte und –aufbereitung der Arbeitsbögen völlig aus, während die übrigen SuS bei mindestens einem Teilthema auf die angegebene, weiterführende Literatur zurückgriffen, was als weiteres Indiz für einen hohen Aufforderungscharakter der Lerntheke für eigenverantwortliches und selbstständiges Lernen aufgefasst werden kann.[103] Wie in Kapitel 6 dargestellt und aus Item 18 ersichtlich, war das Angebot von jeweils vier Arbeitsbögen pro Teilthema etwas zu klein, weshalb im Falle einer Wiederholung darauf geachtet werden sollte, insbesondere bei den grundlegenden

[100] Vgl. dazu Abb. 6, Item 4, 5 und 18.
[101] Vgl. dazu Abb. 6, Item 6 und 7.
[102] Vgl. dazu und im Folgenden Abb. 6, Item 18.
[103] Vgl. dazu Abb. 6, Item 16.

Themenbereichen, d.h. Station 1 bis 3, mindestens fünf bis sechs Exemplare bereitzustellen. Alternativ zum Einsatz im Rahmen der Lerntheke ist es ebenso denkbar, einzelne Arbeitsbögen zukünftig auch zur Erarbeitung entsprechender klimageographischer Teilthemen während der Mittelstufe heranzuziehen.

Das große Interesse an den zur Ergänzung bzw. Vertiefung einzelner Teilthemen angebotenen Animationen, Abbildungen und Kurzfilmen über den Beamer wird im Rahmen der Evaluation erneut bestätigt. Insgesamt gaben elf SuS an, während der Arbeitsphasen darauf zurückgegriffen zu haben.[104] Auch das Kerzenexperiment erfreute sich großer Beliebtheit und trug bei vielen Kursmitgliedern zum besseren Verständnis des Themas „Wind als Druckausgleichströmung" bei.[105] Die Auswertung des Evaluationsbogens lieferte zudem Erkenntnisse zu den bereits in Kapitel 6 beschriebenen unterschiedlichen Sozialformen, die sich während des Lernprozesses herauskristallisierten. Fünf SuS entschieden sich für eine Einzelarbeit, um sich besser konzentrieren zu können, während die übrigen Mitschüler/Innen das kooperative Arbeiten bevorzugten, um sich untereinander austauschen zu können.[106] Auffällig ist, dass dem überwiegenden Teil der Lerngruppe das selbstständige Arbeiten Spaß bereitet und alle SuS die Lerntheke als sinnvolle Methode zur Aufarbeitung der Mittelstufeninhalte bezeichnen. Sie argumentieren u.a. damit, dass man auf diese Weise die zu bearbeitenden Aufgaben frei wählen, selbstständig lernen, sein Lerntempo individuell bestimmen und sich selbst kontrollieren kann.[107]

[104] Vgl. dazu Abb. 6, Item 10.
[105] Vgl. dazu Abb. 6, Item 11 und 12.
[106] Vgl. dazu Abb. 6, Item 15.
[107] Vgl. dazu Abb. 6, Item 13 und 14.

1. Folgende Themen habe ich noch nie zuvor in der Schule behandelt:
[ ] = Jahreszeiten; [4] = Regen; [4] = Wind; [5] = Regionale Windsysteme; [2] = Klimazonen & -diagramme
[5] = Passatkreislauf; [2] = Vegetationszonen; [12] = Monsun

2. Die zwei Doppelstunden haben mir zur Bearbeitung der Lerntheke ausgereicht.
[7] = Ja; [11] = Nein, ich hätte mindestens *3 (10x)* Doppelstunden benötigt.

3. Wie viele Stunden hast du zu Hause an der Lerntheke gearbeitet? [5] = 0; [5] = 1-2; [8] = 3-5;
[ ] = mehr als 5 Std.

4. Die Merktexte waren verständlich formuliert. [11] = Ja; [7] = überwiegend; [ ] = selten

5. Umfang der Merktexte im Allgemeinen: [3] = zu lang; [15] = angemessen; [ ] = zu kurz.

6. Ich habe die Übungsaufgaben zur Selbstkontrolle bearbeitet:
[2] = alle; [7] = zum Großteil; [9] = etwa die Hälfte; [ ] = wenige

7. Ich finde es sinnvoll, mich durch die Aufgaben selbst zu kontrollieren: [15] = sehr; [3] = weniger

8. Die Arbeitsaufträge der Übungsaufgaben waren verständlich formuliert:
[8] = Ja; [10] = zum Großteil; [ ] = selten

9. Ich konnte die Aufgaben nach dem Bearbeiten der Texte ohne Probleme lösen:
[4] = Ja; [11] = zum Großteil; [3] = etwa zur Hälfte; [ ] = selten

10. Ich habe während der Arbeit mit der Lerntheke auf Animationen am Beamer zurückgegriffen:
[11] = Ja, bei den Themen......*Passatkreislauf (4x), Jahreszeiten (2x), Klimadigramme (2x), Föhn (8x), Vegetationszonen (5x), Land-Seewind (5x)*
[7] = Nein

11. Anhand des Experiments mit den Teelichtern zum Thema „Wind" konnte ich das Prinzip der Ausgleichsströmungen bei Temperatur-/Luftdruckgegensätzen gut nachvollziehen:
[15] = Ja; [3] = Nein

12. Ich hätte gerne mehr mit solchen Experimenten gearbeitet: [12] = Ja; [6] = Nein, nicht nötig.

13. Mir macht selbstständiges Arbeiten Spaß. [15] = Ja; [3] = eher weniger

14. Ich fand das Arbeiten mit einer Lerntheke sinnvoll.
[18] = Ja,..................*weil man die Auswahl hat (4x), man selbstständig lernen kann (4x), sich besser mit den Themen auseinandersetzt (1x), sich selbst kontrollieren kann (2x), Lerntempo selbst bestimmen kann (2x), man nochmal alles wiederholt (3x)*
[ ] = Nein

15. Ich habe die Lerntheke hauptsächlich in
Einzelarbeit [5], in Partnerarbeit [10], in Kleingruppen [3] bearbeitet, ...*weil man sich mit mehreren bei Unklarheiten besser austauschen kann (11x), sich alleine besser konzentriert (4x)*

16. Ich habe die angegebene Literatur zum Nachlesen benutzt. [ ] = Ja, bei 7-8 Themen;
[2] = Ja, bei 4-6 Themen; [10] = Ja, bei 1-3 Themen; [6] = nein, nicht nötig.

17. Schwierigkeiten habe ich auch nach der Arbeit an der Lerntheke noch bei folgenden Themen:
[2] = Jahreszeiten; [1] = Regen; [ ] = Wind; [4] = Regionale Windsysteme; [4] = Passatkreislauf
[1] = Klimazonen/-diagramme; [3] = Vegetationszonen; [10] = Monsun.

18. Weitere Rückmeldungen, Anregungen, Ideen, Verbesserungsvorschläge:
manche Texte zu kompliziert (1x), Abbildungen waren hilfreich (2x), Monsun besser erklären (1x), mehr Experten notwendig für Rückfragen (1x), mehr Arbeitsbögen pro Station bereitstellen (3x), mehr Experimente machen (2x), Musterlösungen für die Aufgaben bereitstellen (1x)

Abb. 6: Auswertung des zweiten Selbstdiagnosebogens am Ende der Unterrichtsreihe – Abschnitt 2.

Quelle: Eigene Darstellung.

Die dieser Arbeit zugrundeliegende Zielsetzung bestand darin, ein zeitlich relativ stark begrenztes Konzept zur Wiederholung der für die Jahrgangsstufe E1 unmittelbar relevanten Mittelstufeninhalte zur Kompensation unterschiedlichen Vorwissens, möglichst auf der Basis der Vorstellungen von modernem Unterricht, zu entwickeln. Dies stellte eine große und dazu interessante Herausforderung dar, die viele positive Ergebnisse und weitreichende Erkenntnisse mit sich brachte. Durch den Einsatz der Lerntheke in einem Umfang von insgesamt fünf Einzelstunden kann, unter

Berücksichtigung der im Laufe dieses Kapitels diskutierten Anpassungen, eine deutliche Kompensation des geographischen Vorwissens bis zum Ende der dritten Woche nach Schuljahresbeginn erreicht werden. Dass nach Abschluss der Arbeit mit der Lerntheke manche SuS bei einigen Teilthemen nach wie vor Schwierigkeiten haben, ist, in Anbetracht der zuvor diagnostizierten stark heterogenen Leistungsvoraussetzungen sowie der relativ kurzen Bearbeitungsdauer des Stationenlernens, naheliegend. Aufwand und voraussichtlicher Nutzen sind insbesondere bei vorbereitungsintensiven Formen des Stationenlernens, wie im Fall der vorliegenden Arbeit, stets im Vorhinein abzuwägen, um eine praktikable Rolle im Unterrichtsalltag einer Vollzeitlehrkraft spielen zu können. Das hier vorgestellte Lerntheken-Konzept orientiert sich daher an den örtlichen Gegebenheiten des xxxxxx-Gymnasiums xxxxxxxxxxx, indem es bspw. die bestehende Ausstattung mit Unterrichtsmedien und –materialien berücksichtigt. Auch die im Rahmen dieser Arbeit eingesetzten Diagnosebögen sowie die zu den einzelnen Stationen entwickelten Arbeitsbögen und die weiteren Materialien, wie bspw. die Powerpoint-Datei, sollen als Angebot zur Verfügung stehen, damit die Lerntheke in Zukunft auch von interessierten Fachkollegen in ähnlicher Form, zur Kompensation individueller Defizite im Hinblick auf relevantes Vorwissen zu Beginn der Einführungsphase, durchgeführt werden kann. Auf dieser Grundlage könnte darüber hinaus über den Einsatz eines vergleichbaren Konzeptes zur Wiederholung des Themengebietes „Endogene/Exogene Kräfte“ zu Beginn der Jahrgangsstufe E2 nachgedacht werden.

Literaturverzeichnis

Amtsfeld, P. et al. (2002): Seydlitz Geographie 2 Hessen. Hannover.

Arnold, R. (2007): Ich lerne, also bin ich. Eine systemisch-konstruktivistische Didaktik. Heidelberg.

Ausubel, D. P./Novak, J. D./Hanesian, H. (1980): Psychologie des Unterrichts 1. 2., völlig überarb. Aufl., Weinheim und Basel.

Bierwirth, J. et al. (2012): Terra Erdkunde 2 Gymnasium Hessen. Stuttgart und Leipzig.

Brenner, G./Brenner, K. (2011): Methoden für alle Fächer. Sekundarstufe I und II. 2., überarb. Aufl., Berlin.

DGfG: Deutsche Gesellschaft für Geographie (Hrsg.) (2010): Bildungsstandards im Fach Geographie für den Mittleren Schulabschluss mit Aufgabenbeispielen. 6., durchges. Aufl., Bonn.

Dorsch, V./Rupprecht, H. (2004): Seydlitz Geographie 11 Hessen. Braunschweig.

Dorsch, V./Rupprecht, H. (2008): Seydlitz Geographie 2 G8 Hessen. Braunschweig.

Gasser, J. (2009): Erfolgreich lernen. Praxis-Tipps für sofortigen und nachhaltigen Lernerfolg!. Norderstedt.

Gruber, H./Mack, W./Ziegler, A. (1999): Wissen und Denken: Eine problematische Beziehung. In: Gruber, H./Mack, W./Ziegler, A. (Hrsg.) (1999): Wissen und Denken. Beiträge aus Problemlösepsychologie und Wissenspsychologie. Kognitionswissenschaft. Wiesbaden. S. 7–16.

Hasselhorn, M./Gold, A. (2006): Pädagogische Psychologie. Erfolgreiches Lernen und Lehren. Stuttgart.

HKM1 (2010): Hessisches Kultusministerium: Lehrplan Erdkunde. Gymnasialer Bildungsgang. Jahrgangsstufen 5G bis 8G und gymnasiale Oberstufe. Wiesbaden.

HKM2 (2012): Hessisches Kultusministerium: Bildungsstandrads und Inhaltsfelder – Das neue Kerncurriculum für Hessen. Sekundarstufe I – Gymnasium. Erdkunde. Wiesbaden.

HKM3 (2011): Hessisches Kultusministerium. Institut für Qualitätsentwicklung: Hessischer Referenzrahmen Schulqualität. Qualitätsbereiche, Qualitätsdimensionen und Qualitätskriterien. Überarbeitete Fassung. Wiesbaden.

HKM4 (2010): Hessisches Kultusministerium: Abitur in Hessen – Ein guter Weg. Eine Informationsbroschüre zur OAVO für Schülerinnen und Schüler der gymnasialen Oberstufe und des beruflichen Gymnasiums. Wiesbaden.

HKM5 (2012): Hessisches Kultusministerium: Verordnung über die hessischen Kerncurricula (Bildungsstandards und Inhaltsfelder) für die Primarstufe und die Sekundarstufe I. Vom 31.Mai 2011, zuletzt geändert durch die Verordnung vom 15.Mai 2012. Wiesbaden.

Klippert, H. (2010): Heterogenität im Klassenzimmer. Wie Lehrkräfte effektiv und zeitsparend damit umgehen können. Weinheim und Basel.

Mandl, H. (2010): Lernumgebungen problemorientiert gestalten – Zur Entwicklung einer neuen Lernkultur. In: Jürgens, E./Standop, J. (Hrsg.) (2010): Was ist „guter" Unterricht? Namhafte Expertinnen und Experten geben Antwort. Regensburg. S. 19-38.

Mattes, W. (2011): Methoden für den Unterricht. Kompakte Übersichten für Lehrende und Lernende. Paderborn.

Meyer, H. (2009): Was ist guter Unterricht? 6. Aufl., Berlin.

Mietzel, G. (2007): Pädagogische Psychologie des Lernens und Lehrens. 8., überarb. u. erw. Aufl., Göttingen.

OAVO (2010): Oberstufen- und Abiturverordnung vom 20. Juli 2009 in der Fassung vom 01. Juni 2010.

o.V. (2008): Diercke Weltatlas. 1. Aufl. Braunschweig

Reich, K. (2012): Konstruktivistische Didaktik. 5., erw. Aufl., Weinheim und Basel.

Rüegsegger, R. (2009): Warum Kooperatives Lernen viel bewirkt. Einige Begründungen. In: Pädagogik. Diagnostizieren und Fördern. 61. Jg, Heft 12/2009, Weinheim.

Sekretariat der Ständigen Konferenz der Kultusminister der Länder in der Bundesrepublik Deutschland (2012): Vereinbarung zur Gestaltung der gymnasialen Oberstufe in der Sekundarstufe II. Beschluss der Kultusministerkonferenz vom 07.07.1972 i.d.F. vom 09.02.2012. URL: http://www.kmk.org/fileadmin/veroeffentlichungen_beschluesse/1972/1972_07_07-Vereinbarung-Gestaltung-Sek2.pdf (29.12.2012)

Siebert, H. (2008): Konstruktivistisch lehren und lernen. Augsburg.

Singer, W. (2002): Der Beobachter im Gehirn. Essays zur Hirnforschung. Frankfurt a.M.

Steffens, U./Höfer, D. (2011): Zentrale Befunde aus der Schul- und Unterrichtsforschung – Eine Bilanz aus 50.000 Studien. URL: http://www.emse-netzwerk.de/uploads/Main/Hattie_Verff%20_SV_2.Teil%2012%2009%2011.pdf (13.01.2012)

Wild, E./Möller, J. (Hrsg.) (2009): Pädagogische Psychologie. Heidelberg.

Werning, R. (2006): Lern- und Entwicklungsprozesse fördern. Pädagogische Beobachtung im Alltag. In: Becker et al. (2006): Diagnostizieren und Fördern. Stärken entdecken – Können entwickeln. Friedrich Jahresheft XXIV 2006, Berlin. S. 11-15.

Anhang

Selbsteinschätzungsbogen E1 – Erdkunde (Hr. Groß)

Um den Unterricht für das bevorstehende Schuljahr möglichst sinnvoll planen zu können, ist es für mich wichtig zu erfahren, was du aus dem Erdkundeunterricht der Mittelstufe bereits weißt und wo deine besonderen Interessen liegen.

Beantworte den Selbsteinschätzungsbogen durch Ankreuzen bitte so ehrlich wie möglich.

Dein Name ist <u>nicht</u> erforderlich!

++ = trifft voll zu + = trifft eher zu - = trifft eher nicht zu -- = trifft überhaupt nicht zu

Fachwissen	++	+	-	--
a) Endogene Kräfte				
Ich kann die drei grundlegenden Schalen des Erdkörpers benennen.				
Ich kann die Ursache der Kontinentalverschiebung mit eigenen Worten beschreiben.				
Ich kann das Phänomen der Subduktion mit eigenen Worten beschreiben.				
Ich kann die tektonischen Vorgänge am Mittelatlantischen Rücken beschreiben.				
Ich kann die Verbreitung der globalen Erdbebengebiete begründen.				
b) Klima und Vegetation				
Ich kann mit eigenen Worten beschreiben, wie die Jahreszeiten bei uns entstehen.				
Ich kann den Begriff „Taupunkttemperatur" mit eigenen Worten erklären.				
Ich kann den „Föhn" als regionales Windsystem erklären.				
Ich kann die Entstehung der Passatwinde erklären.				
Ich kann erklären weshalb die subtropischen Wüsten bei ca. 30° nördlicher/südlicher Breite liegen.				
Ich kann die drei grundlegenden Savannentypen benennen.				

allgemeine Interessen	++	+	-	--
Ich interessiere mich allgemein für Erdkunde.				
Ich lerne im Erdkundeunterricht gerne mit...				
... Sachtexten.				
... Karte und Atlas.				
... Experimenten.				
... Zahlen und Diagrammen.				
Ich arbeite gerne an Projekten.				
Ich präsentiere gerne vor der Klasse.				
Ich verfolge gerne Präsentationen meiner Mitschüler.				
Ich arbeite im Unterricht gerne in...				
... Einzelarbeit.				
... Partnerarbeit.				
... Gruppenarbeit.				

Schule: xxx-Gymnasium xxxxxxx
Unterrichtsfach: Erdkunde
Jahrgangsstufe: E1

Schuljahr: 2012/13
Lehrer: Hr. Groß
Name: ....

Lerntheke „Grundlagen der Klimageographie"

... zur Wiederholung/Kompensation der für das bevorstehende Unterrichtshalbjahr unmittelbar relevanten Mittelstufeninhalte.

Liebe(r) E1-Erdkundler(in),
in den nächsten beiden Doppelstunden erhältst du die Möglichkeit, die Mittelstufeninhalte zum Thema „Klimageographie" selbstständig zu wiederholen bzw. aufzuarbeiten:

- Die Inhalte sind in acht Themengebiete (Stationen) aufgeteilt, die in Form einer Lerntheke zur Verfügung stehen.
- Jede Station besteht aus einem Arbeitsbogen zum Thema mit ergänzenden Grafiken, weiterführender Literatur sowie Übungsaufgaben zur Selbstkontrolle.
- Die Themen bauen teilweise aufeinander auf, können aber auch, je nach Vorwissen, in beliebiger Reihenfolge bearbeitet werden.
- Pro Station gibt es vier Textexemplare, von denen du dir eins nehmen und an deinem Platz bearbeiten kannst. Bitte lege dieses anschließend wieder umgehend zurück, damit die anderen darauf zurückgreifen können.
- Ob du alleine oder mit anderen Schülern arbeitest ist dir freigestellt, ebenso wie das Arbeiten mit den zusätzlichen Medien/Materialien (Bücher, Atlanten, Tellurium, Kerzenexperiment, Wandkarte, Beamer).
- In der unten aufgeführten Tabelle kannst du deinen Arbeitsfortschritt durch ankreuzen dokumentieren.
- Arbeite selbstständig und frage den Lehrer nur dann, wenn dir die Mitschüler (Experten) nicht weiterhelfen können.
- Nach den beiden Doppelstunden solltest du alle Themen bearbeitet und verstanden haben! Sollte die Zeit nicht ausreichen, kannst du dir die Texte kopieren und als Hausaufgabe weiterbearbeiten.
- Sobald du alle Themen bearbeitet und verstanden hast, kannst du deinen Kollegen bei Unklarheiten als „Klima-Experte" weiterhelfen. Notiere dazu bitte deinen Namen an der Tafel.

Station/Thema	gelesen	verstanden	
		ja	teilweise (→ Fragen an Experten auf Rückseite notieren)
1. Jahreszeiten und Beleuchtungszonen der Erde			
2. Die Entstehung von Regen			
3. Wind als Druckausgleichsströmung			
4. Regionale Windsysteme			
5. Innertropische Zirkulation/Passatkreislauf			
6. Klimadiagramme und Klimazonen			
7. Entstehung und Merkmale der Vegetationszonen			
8. Der Monsun als Besonderheit des Passatkreislaufs			

Viel Erfolg!

Arbeitsbogen zur Lerntheke

Thema 3: Wind als Druckausgleichströmung

Die Entstehung von Wind hängt eng mit dem **Luftdruck** zusammen. Luft hat eine Masse, wie z. B. Wasser, obwohl man sie nicht sieht! Beim Tauchen im Schwimmbad steigt der Druck auf den Ohren, je tiefer man taucht. Das liegt an der größer werdenden Wassersäule, die sich über einem befindet und durch die Erdanziehung zum Erdmittelpunkt gezogen wird. Dasselbe, jedoch weniger stark ausgeprägt, passiert in der Atmosphäre durch den Luftdruck. Hier üben keine Wasser-, sondern Luftteilchen den Druck aus. Das merkt man z. B. wenn man mit dem Auto oder einer Gondel in ein Tal fährt. Auch dann bekommt man ein Druckgefühl auf den Ohren.
Mit zunehmender Höhe nimmt die Anzahl der Luftteilchen pro Volumen ab, weil die Luft, durch die kleiner werdende **Luftsäule** darüber, nicht mehr so stark zusammengedrückt wird. Man sagt daher auch: „Die Luft oben auf dem Berg ist dünner.“

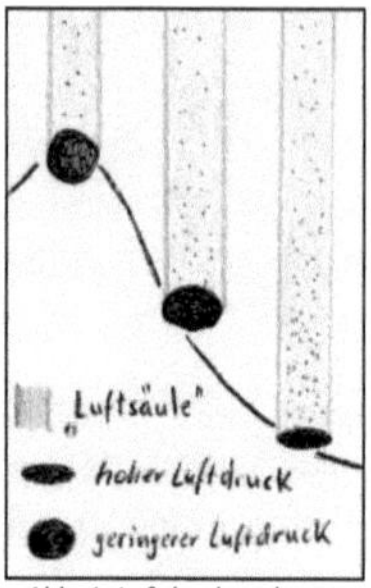

Abb. 1: Luftdruck und Luftsäule

Der Luftdruck wird in Hektopascal (hPa) angegeben und mit einem Barometer gemessen. Der Normaldruck (in der gemäßigten Zone auf Meeresspiegelniveau) liegt bei 1013 hPa.

Luftdruckunterschiede:
Wenn man nun mit einem ortsfesten Barometer den Luftdruck misst, stellt man fest, dass der Wert keinesfalls identisch bleibt (z. B. Unterschiede bei Tag- und Nachtmessungen). Also muss neben der Höhe auch ein weiterer Faktor für Druckunterschiede sorgen: Die **Temperatur**. Warme Luft dehnt sich aus, weil die Luftteilchen in Schwingungen geraten und öfter gegeneinanderstoßen. Sie ist dann leichter als ihre Umgebung (**geringere Dichte** pro Volumen als kalte Luft). Aus diesem Grund steigen durch die Sonne erwärmte Luftmassen, wie in Abb. 2 zu erkennen, nach oben (z. B. erkennbar am Flimmereffekt über heißem Asphalt).

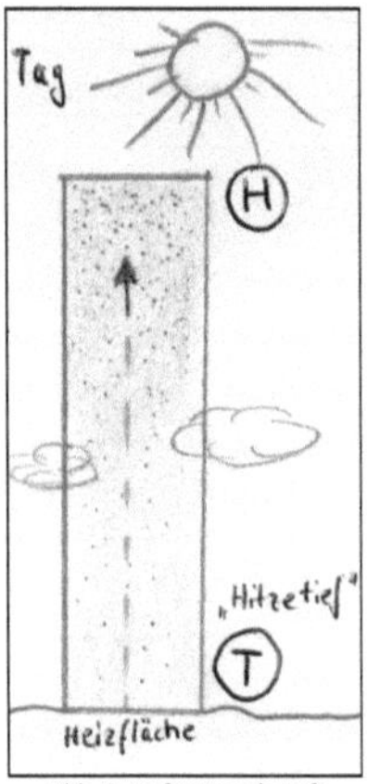

Abb. 2: Aufsteigende Luft

Es entsteht ein **Tiefdruckgebiet am Boden (→Hitzetief)**, da durch die Aufwärtsbewegung weniger Luftteilchen in Bodennähe sind.

Kalte Luft hat dagegen eine **größere Dichte** als Warmluft. Beim Abkühlen zieht sich die Luft also zusammen, wodurch sie schwerer wird und absinkt (Abb. 3). Dadurch nimmt der Druck auf die darunterliegenden Luftschichten zu – ein **bodennahes Hochdruckgebiet („Kältehoch“)** entsteht. Man nennt diese unterschiedlichen Luftdruckgebiete, aufgrund ihrer temperaturbedingten Entstehung, **„thermische Luftdruckgebiete“**. *(vgl. auch Thema 4 und 5)*

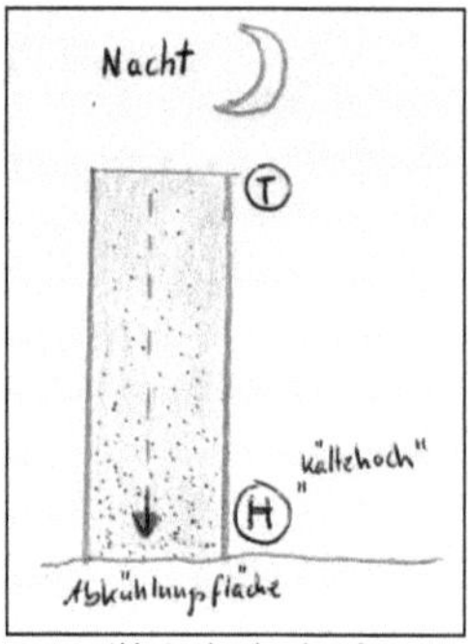

Abb. 3: Absinkende Luft

Druckausgleichsströmung:

Zwischen dem Hochdruck- und dem Tiefdruckgebiet besteht ein **Druckgefälle**. Luft tendiert immer zu einem Ausgleich dieses Gefälles (Bsp.: Zerstechen eines Autoreifens). Deshalb „bewegen“ sich die Luftteilchen vom Hochdruck (höhere Dichte der Teilchen -> wenig Platz) zum Tiefdruck (geringere Dichte -> mehr Platz). Diese Druckausgleichsströmung heißt „Wind“. Die Kraft, die hinter der Bewegung der Luftteilchen steckt, nennt man Druckgradientkraft (Gradient = Gefälle). Diese ist umso größer, je größer die Luftdruckunterschiede sind.

Übungsaufgaben zur Selbstkontrolle:

1. Der kleine Rudi feiert im Skiurlaub seinen 5. Geburtstag. Nach einem schönen Skitag in seiner Juniorgruppe steigt Rudi mit seinen Eltern und einem großen, roten Luftballon in die Gondel ein, um hinunter zur Talstation zu fahren. Beim Aussteigen fängt er an zu weinen. Der Luftballon scheint ein Loch zu haben, denn er ist kleiner geworden. Beruhige ihn mit Hilfe deines Erdkunde-Wissens!

2. **Kerzenexperiment:**
   a) Schau dir den Teelichterkreis genau an und beschreibe deine Beobachtungen!
   b) Versuche deine Beobachtungen zu erklären und fertige zur Verdeutlichung eine Skizze an!

Literatur zum Nachlesen: - Seydlitz Geographie 2, S. 14-15
- Seydlitz Geographie 11, S. 72-73

Schule: xxx-Gymnasium xxxxxx
Unterrichtsfach: Erdkunde
Jahrgangsstufe: E1

Schuljahr: 2012/13
Lehrer: Hr. Groß
SYMBOL:

Auswertung der Arbeit mit der Lerntheke „Grundlagen des Klimas"

Um die Arbeit mit der Lerntheke möglichst genau bewerten und für die Zukunft optimieren zu können, ist es für mich wichtig, deine Erfahrungen und Meinungen zu erfahren.
Bitte beantworte den Fragebogen so ehrlich wie möglich. Dein Name ist nicht erforderlich!

Abschnitt 1: Fachkenntnisse

(++ = trifft voll zu   + = trifft eher zu   - = trifft eher nicht zu   -- = trifft überhaupt nicht zu)

Abschnitt 2: Lerntheke *(kreuze an bzw. trage ein!)*

	++	+	-	--
Ich kann mit eigenen Worten beschreiben, wie die Jahreszeiten bei uns entstehen.				
Ich kann den Begriff „Taupunkttemperatur" mit eigenen Worten erklären.				
Ich kann den „Föhn" als regionales Windsystem erklären.				
Ich kann die Entstehung der Passatwinde erklären.				
Ich kann erklären, weshalb die subtropischen Wüsten bei ca. 30° nördlicher/südlicher Breite liegen.				
Ich kann die drei grundlegenden Savannentypen benennen.				

1. Folgende Themen habe ich noch nie zuvor in der Schule behandelt:
☐ = Jahreszeiten; ☐ = Regen; ☐ = Wind; ☐ = Regionale Windsysteme; ☐ = Klimazonen & -diagramme
☐ = Passatkreislauf; ☐ = Vegetationszonen; ☐ = Monsun

2. Die zwei Doppelstunden haben mir zur Bearbeitung der Lerntheke ausgereicht.
☐ = Ja; ☐ = Nein, ich hätte mindestens .... Doppelstunden benötigt.

3. Wie viele Stunden hast du zu Hause an der Lerntheke gearbeitet? ☐ = 0; ☐ = 1-2; ☐ = 3-5;
☐ = mehr als 5 Std.

4. Die Merktexte waren verständlich formuliert. ☐ = Ja; ☐ = überwiegend; ☐ = selten

5. Umfang der Merktexte im Allgemeinen: ☐ = zu lang; ☐ = angemessen;
☐ = zu kurz, ich hätte mir genauere Erläuterungen insbesondere zu den Themen:
.... gewünscht.

6. Ich habe die Übungsaufgaben zur Selbstkontrolle bearbeitet:
☐ = alle; ☐ = zum Großteil; ☐ = etwa die Hälfte; ☐ = wenige

7. Ich finde es sinnvoll, mich durch die Aufgaben selbst zu kontrollieren: ☐ = sehr; ☐ = weniger

8. Die Arbeitsaufträge der Übungsaufgaben waren verständlich formuliert:
☐ = Ja; ☐ = zum Großteil; ☐ = selten

9. Ich konnte die Aufgaben nach dem Bearbeiten der Texte ohne Probleme lösen:
☐ = Ja; ☐ = zum Großteil; ☐ = etwa zur Hälfte; ☐ = selten

10. Ich habe während der Arbeit mit der Lerntheke auf Animationen am Beamer zurückgegriffen:
☐ = Ja, bei den Themen: ....
☐ = Nein

11. Anhand des Experiments mit den Teelichtern zum Thema „Wind" konnte ich das Prinzip der Ausgleichsströmungen bei Temperatur-/Luftdruckgegensätzen gut nachvollziehen:
☐ = Ja; ☐ = Nein

12. Ich hätte gerne mehr mit solchen Experimenten gearbeitet: ☐ = Ja; ☐ = Nein, nicht nötig.

13. Mir macht selbstständiges Arbeiten Spaß. ☐ = Ja; ☐ = eher weniger

14. Ich fand das Arbeiten mit einer Lerntheke sinnvoll.
☐ = Ja, weil ....
☐ = Nein, weil..

15. Ich habe die Lerntheke hauptsächlich in
Einzelarbeit ☐, in Partnerarbeit ☐, in Kleingruppen ☐ bearbeitet, weil..........................
....
....

16. Ich habe die angegebene Literatur zum Nachlesen benutzt. ☐ = Ja, bei 7-8 Themen;
☐ = Ja, bei 4-6 Themen; ☐ = Ja, bei 1-3 Themen; ☐ = nein, nicht nötig.

17. Schwierigkeiten habe ich auch nach der Arbeit an der Lerntheke noch bei folgenden Themen:
☐ = Jahreszeiten; ☐ = Regen; ☐ = Wind; ☐ = Regionale Windsysteme; ☐ = Passatkreislauf
☐ = Klimazonen/-diagramme; ☐ = Vegetationszonen; ☐ = Monsun.

18. Weitere Rückmeldungen, Anregungen, Ideen, Verbesserungsvorschläge:
....
....
....
....
....
....
....

Vielen Dank!
C. Groß